国家重点研发项目"全球变化对生态脆弱区资源环境承载力的影响研究"第一课题"生态脆弱区资源环境要素的时空格局及其与生态系统功能的关系（2017YFA0604801）"、国家自然科学基金优秀青年项目（41422102）、国家自然科学基金面上项目"全球变化背景下青藏高原多年冻土退化对高寒草地的影响研究（41271089）"资助

无人机生态环境应用丛书
丛书主编：宜树华

生态脆弱区无人机监测规范

王志伟　张建国　秦　彧　孙　义　吕燕燕　等◎著

气象出版社
China Meteorological Press

内容简介

本书介绍了生态脆弱区的监测目标与意义，以及常用无人机的操作常识和注意事项，详细讲解了作者研究团队自主研发的无人机航拍系统（FragMAP）的构架、安装、野外观测常用操作、工作点设置、各类航线设置、FragMAP Flighter 操作、观测规范、野外数据汇总规范和典型应用范例，最后简要介绍了作者研究团队 2019 年野外工作情况。

本书为科研院校和基层业务部门的科研工作者使用 FragMAP 提供了功能说明和操作规范，以便使用者能够采用相同的标准开展监测工作，为未来研究全国生态脆弱区的科学问题奠定数据基础。本书呈现的利用无人机技术进行生态监测的具体应用实例，能为科研工作者提供一定的借鉴思路。本书也可作为本科生、硕士研究生及与生态脆弱区无人机监测技术相关的各类学生和年轻学者的学习教材。

图书在版编目（CIP）数据

生态脆弱区无人机监测规范/王志伟等著 . —北京：
气象出版社，2020.9
（无人机生态环境应用丛书/宜树华主编）
ISBN 978-7-5029-7290-5

Ⅰ.①生…　Ⅱ.①王…　Ⅲ.①无人驾驶飞机—应用—环境监测—环境遥感—技术规范　Ⅳ.①X87-65

中国版本图书馆 CIP 数据核字（2020）第 187512 号

生态脆弱区无人机监测规范
Shengtai Cuiruo Qu Wurenji Jiance Guifan

王志伟　张建国　秦　彧　孙　义　吕燕燕　等◎著

出版发行：气象出版社		
地　　址：北京市海淀区中关村南大街 46 号	邮政编码：100081	
电　　话：010-68407112（总编室）　010-68408042（发行部）		
网　　址：http://www.qxcbs.com	**E-mail**：qxcbs@cma.gov.cn	
责任编辑：郭健华	终　　审：吴晓鹏	
责任校对：王丽梅	责任技编：赵相宁	
封面设计：栾丽红		
印　　刷：北京建宏印刷有限公司		
开　　本：787 mm×1092 mm　1/16	印　　张：10	
字　　数：220 千字		
版　　次：2020 年 9 月第 1 版	印　　次：2020 年 9 月第 1 次印刷	
定　　价：85.00 元		

本书如存在文字不清、漏印以及缺页、倒页、脱页等，请与本社发行部联系调换。

无人机生态环境应用丛书

编委会

主　编：
宜树华（南通大学）

副主编：
秦　彧（中国科学院西北生态环境资源研究院）
孙　义（南通大学）
陈建军（桂林理工大学）
王志伟（贵州省农业科学院草业研究所）
孟宝平（南通大学）

编　委：
张建国（南通大学）
吕燕燕（南通大学）
张慧芳（南通大学）
卢霞梦（南通大学）
黄玉婷（南通大学）
常　丽（兰州城市学院）
周兆叶（兰州理工大学）
王晓云（兰州大学）
刘志有（新疆农业大学）
李锦荣（水利部牧区水利科学研究所）
张　伟（中国科学院西北生态环境资源研究院）
魏天峰（中国科学院西北生态环境资源研究院）
杜嘉星（海军大连舰艇学院）

生态脆弱区无人机监测规范

著 者

王志伟（贵州省农业科学院草业研究所）

张建国（南通大学）

秦 彧（中国科学院西北生态环境资源研究院）

孙 义（南通大学）

吕燕燕（南通大学）

陈建军（桂林理工大学）

张 文（贵州省农业科学院草业研究所）

张慧芳（南通大学）

常 丽（兰州城市学院）

孟宝平（南通大学）

周兆叶（兰州理工大学）

王晓云（兰州大学）

马青山（黄南藏族自治州草原站）

魏天峰（中国科学院西北生态环境资源研究院）

杜嘉星（海军大连舰艇学院）

秦 炎（中国科学院西北生态环境资源研究院）

张 伟（中国科学院西北生态环境资源研究院）

卢霞梦（南通大学）

黄玉婷（南通大学）

阮玺睿（贵州省农业科学院草业研究所）

宋雪莲（贵州省农业科学院草业研究所）

王 茜（贵州省农业科学院草业研究所）

刘志有（新疆农业大学）

李锦荣（水利部牧区水利科学研究所）

马建海（黄南藏族自治州农牧综合行政执法监督局）

金宝成（贵州大学）

钟 理（贵州省农业科学院草业研究所）

丁磊磊（贵州省农业科学院草业研究所）

王旭峰（中国科学院西北生态环境资源研究院）

丛书总序

全球气候变化、生物多样性丧失、生态系统退化及其对社会可持续发展的影响是当前最具有挑战性的重大科学问题。要解决这些问题，需要建立长期-立体化的生态系统多要素协同观测网络。目前已建立的全球地球关键带观测研究网络（CZO）、美国国家生态系统观测网络（NEON）、中国生态系统研究网络（CERN）等，都在从不同领域、多学科角度开展生态系统动物、植物和微生物的物种组成、植被结构、能量和物质通量、环境背景以及景观和土地覆被状态等方面的多尺度协同观测。

近几年，宜树华教授在我主持的国家重点研发计划"全球变化对生态脆弱区资源环境承载力的影响研究"项目中，负责中国生态脆弱区的生态环境调查工作，以补充和丰富生态脆弱区生态系统变化观测内容。经过几年的努力，宜树华教授开发了一套基于大疆SDK的生态要素航拍分析系统。自2015年以来，他和他带领的研究团队采用该系统对我国生态脆弱区生态系统开展了大尺度的协同观测。最近还发展了基于云端的协同数据分析、"公民科学家"参与的"众筹"工作模式等，这些工作很有意义。我很乐意为他组织编写的这套"无人机生态环境应用丛书"作序。

基于无人机平台的野外观测体系，可作为架起地基观测和天基遥感的桥梁，将会在生态系统监测中发挥越来越重要的作用。因为高分辨率的无人机航拍照片更方便研究生态系统的某些形态特征，例如草地斑块特征、植物群落的物种识别、动物行为等。同时，无人机观测的地面覆盖范围也远远高于传统地面样方，更接近卫星遥感的像元尺度。

到目前为止，大多数无人机观测研究工作还停留在案例层面，鲜有形成大尺度协同的监测网络。宜树华教授团队开发的这套航拍分析系统弥补了这一缺憾，他们所构建的协同观测网络已获取了海量的航拍照片资料，并对草地植物群落、物种组成、植被盖度、地上生物量、高原鼠兔洞口、砂砾石状态、家畜行为等内容的监测方法开展了研究，取得了初步成果。目前他们还致力于基于植被斑块的高寒草甸和干旱区生态系统突变实证研究，大范围生物多样性和生产力关系研究，以及高原鼠兔对气候变化的响应研究等工作，我希望他们能够取得新进展，为促进生物多样性、生物地理学、景观生态学等学科发展做出贡献。

　　这套丛书不仅囊括了使用无人机开展科学研究的众多内容，还包括了无人机野外监测、航拍照片分析、数据存储和协同分析等相关技术规范。该著作无论是对于阅历丰富的科研人员，还是相关领域的学生，以及无人机航拍爱好者，都有一定的借鉴意义。

　　最后，以我常常提倡的一个观点作为结尾。生态系统整体结构和功能的直接观测是支撑生态系统预测科学发展的基础，"走气象科学百年发展之路，奠定生态预测之数据基础"是一代又一代科学家的历史责任。我衷心地期待基于无人机平台的生态系统观测能够为生态学发展做出其独特贡献。

中国科学院院士　于贵瑞

2020 年 5 月

前　言

经过十几年的迅猛发展，无人机已广泛应用于各行各业。作为中国自主产业的深圳市大疆创新科技有限公司（简称大疆公司）的无人机系列产品，不仅具有易操作、飞行稳定、价格适中等特点，更为可贵的是，大疆公司开放了软件的开发工具包（software development kit，SDK），使得无人机使用者可在其基础上根据不同的需求进行二次开发。

自 2009 年以来，脆弱生态环境研究所团队（以下简称研究团队）一直关注无人机航拍在生态脆弱区生态系统研究中的应用。2015 年，研究团队基于大疆 SDK 开发了无人机航拍系统（fragmentation monitoring and analysis with aerial photography，FragMAP），基于该系统的作品"用小精灵无人机研究青藏高原上的小精灵"获得大疆创新开发者大赛第 3 名。其后，在国家重点研发项目"全球变化对生态脆弱区资源环境承载力的影响研究"第一课题"生态脆弱区资源环境要素的时空格局及其与生态系统功能的关系（2017YFA0604801）"、国家自然科学基金优秀青年项目（41422102）以及国家自然科学基金面上项目"全球变化背景下青藏高原多年冻土退化对高寒草地的影响研究（41271089）"等一系列项目的资助下，该系统得到不断应用、改进和发展。研究团队基于该系统在中国生态脆弱区开展了大量的航拍工作，设置了 4000 多个工作点（每个工作点设置多条固定航线），进行了 1.3 万多次的飞行，监测了高原鼠兔洞口、草地斑块、地上生物量、盖度、物种等生态要素。鉴于越来越多的用户（科研院校以及基层业务部门）开始使用 FragMAP 进行生态监测，迫切需要撰写相关规范用以指导野外无人机监测实地操作，以便使用者能够采用相同的标准开展监测工作，为未来研究全国生态脆弱区的科学问题奠定数据基础。

本书共分 12 章，立题和整体结构由丛书主编宜树华教授构思完成，全文统稿和校对由王志伟完成，具体章节撰写情况如下：第 1 章生态脆弱区简介，主要介绍生态脆弱区的监测目标与意义，并对存在的问题和无人机监测技术的优势进行了简单总结，由宜树华、王志伟、常丽、吕燕燕、孟宝平和张文等完成；第 2 章 FragMAP 介绍，阐述 FragMAP 的构架及其发展过程，由宜树华完成；第 3 章无人机及常用飞行操作，包括常用无人机的介绍、无人机的操作常识和注意事项等，由王志伟、秦彧、黄玉婷、卢霞梦、宋雪莲、阮玺睿、王茜等完成；第4章 FragMAP Setter 安装，由张建国、孙义和王志伟等完成；第5章野外观测常用操作，介绍内容包括野外距离测量、面积测定、定位、轨迹、加载 shp 文件、设置、图层、底图下载、蓝牙共享、步行、飞行、机器码和地图平移等内容，由张建国和孙义等完成；第6章工作点设置规范，介绍野外号、工作点的建立和命名规范，由孟宝平和吕燕燕等完成；第7章航线设置，介绍 FragMAP 中各类航线的设置和操作，如 Grid、Rectangle、Belt、Quadrat、Mosaic、Irregular、Single、Hand、Panaroma 和 Vertical 等，由张建国、孙义、王志伟、陈建军、秦炎、张慧芳、魏天峰、秦彧、张伟和杜嘉星等完成；第8章 FragMAP Flighter 操作，包括对 FragMAP Flighter 软件的介绍，以及对公民科学家模式和科学家模式的阐述，由孙义和张建国等完成；第9章观测规范，包括对不同分辨率遥感影像对应的航拍高度设置规范和野外设置规范，由秦彧、张慧芳、杜嘉星、张建国、孙义和孟宝平等完成；第10章野外数据汇总规范，展示采集后的数据规范，由王志伟、黄玉婷和宜树华等完成；第11章典型应用范例，介绍各类典型场景中的应用，由宜树华、秦彧、马青山、杜嘉星、魏天峰、秦炎、张建国、孙义、孟宝平、吕燕燕、陈建军、张伟、黄玉婷和王旭峰等完成；第12章 2019年野外工作情况介绍，对研究团队 2019年基于该系统的野外工作进行了详细介绍，由宜树华、秦彧、孙义、孟保平、吕燕燕、张建国、张慧芳、陈建军、卢霞梦、黄玉婷等完成。此外，王晓云、常丽、周兆叶、卢霞梦、黄玉婷、陈建军、李锦荣、刘志有、秦炎、马建海、钟理、丁磊磊、金宝成等完成全文的校对和修改工作。

本书对无人机及其操作方式和配套软件做了详细介绍，特别是对研究团队自主开发的无人机航拍系统 FragMAP 进行了详尽剖析，为科研院校以及基层业务部门的各类科研工作者提供了十分便利的工具。此外，本书还呈现了利用无人机技术进行生态监测的具体应用实例，期望能为各位科研工作者提供一定的借鉴思路。本书注重实用性，同时兼顾无人机在生态监测时的各类操作和存储规范，不仅适合科研院校以及基层业务部门中的科研工作者使用，同时也可作为本科生、硕士研究生及与生态脆弱区无人机监测技术相关的各类学生和年轻学者的学习教材。

著 者
2020 年 4 月

目　录

第4章　FragMAP Setter 安装与操作

第5章　野外观测常用操作

第6章　工作点设置规范

第7章　航线设置

第8章　FragMAP Flighter 操作

第9章　观测规范

第10章　野外数据汇总规范

第11章　典型应用范例

第12章　2019 年野外工作情况介绍

第 1 章　生态脆弱区简介

生态脆弱区是指生态系统对全球变化的响应敏感、容易发生退化的区域。我国的生态脆弱区约占陆地国土面积的 70% 以上，全球变化正在改变这些区域的生态环境，加剧生态系统退化，降低资源环境承载力。这些区域也和经济落后地区高度重合。我国的生态脆弱区主要包括青藏高原高寒区、内蒙古和新疆干旱和半干旱区、西南喀斯特区以及农牧交错区等。

1.1　"世界第三极"青藏高原

被称为"世界屋脊""世界第三极"的青藏高原是世界上海拔最高、面积最大的高原，南起喜马拉雅山脉南缘，北至昆仑山、阿尔金山和祁连山北缘，西部为帕米尔高原和喀喇昆仑山脉，东部及东北部与秦岭山脉西段和黄土高原相接，介于北纬 $26°00'\sim$ $39°47'$、东经 $73°19'\sim104°47'$。青藏高原东西长约 2800 千米，南北宽 $300\sim1500$ 千米，按地形地貌特征分为藏北高原、藏南谷地、柴达木盆地、祁连山地、青海高原和川藏高山峡谷区 6 个区域，包括中国西藏全部和青海、新疆、甘肃、四川、云南的部分，以及不丹、尼泊尔、印度、巴基斯坦、阿富汗、塔吉克斯坦、吉尔吉斯斯坦的部分或全部。青藏高原是我国 5 大水系（黄河、长江、澜沧江、怒江和雅鲁藏布江）的源头，对处于中下游地区的生产、生活有着重要的影响。此外，青藏高原凭借其平均海拔超过 4000 米、面积达 2.50×10^6 平方千米的地理特点影响着亚洲大陆乃至全球的气候。

青藏高原高寒草地约为 1.28×10^6 平方千米，牧草品质优良、营养丰富，具有高蛋白、高脂肪、高无氮浸出物及产热值、低纤维素的"四高一低"特点。它也是我国巨大的草地畜牧业生产基地、生态安全的重要屏障、独特的高山植物基因库和多民族共存的美丽家园。过去几十年，由于气候变化、人类活动（过载过牧、开垦撂荒、滥采乱挖、滥用水资源等）、鼠害、风蚀、水蚀以及多年冻土退化等众多原因，青藏高原的高寒草地发生了一定程度的退化。其中，过载过牧被认为是高寒草地退化的主要因素。同时，气候变化也是一个重要因素，局部降水的减少和气温升高，致使蒸散发加强，从而导致局部地区的高寒草地发生退化。

高寒草地植物群落的斑块镶嵌结构是草地景观的基本特征，是放牧演替和裸地演替斑块的组合，可用于指示高寒草地退化的程度。这些斑块的共有特征是尺度较小，难以通过卫星遥感手段获取。同样当斑块样本数量众多时，还会导致人工地面测量非常困难。因此，使用无人机可以高效地获取高分辨率图像，对于研究高寒草地退化有着巨大的帮助。

广泛分布于青藏高原的高原鼠兔（学名：*Ochotona curzoniae*）是一种小型非冬眠的植食性哺乳动物，属兔形目鼠兔科，是青藏高原的特有物种。高原鼠兔主要栖居于海拔 3100～5100 米的高寒草甸、高寒草原地区，喜欢选择滩地、河岸、山麓缓坡等植被低矮的开阔环境，回避灌丛及植被郁闭度高的环境，具有挖洞筑窝的习性，从而与一大批动植物建立了相互依存的关系，形成了青藏高原独特的脆弱生态系统。在这个生态系统中，高原鼠兔是一个有争议的特有种和关键种，对维护青藏高原生物多样性及生态系统的平衡起到重要作用。一方面，它所挖掘的用来穴居和逃避捕食动物的洞穴，可以为许多小型鸟类和爬行动物提供赖以生存的巢穴，可引起生物多样性的增加（但是会对微生境造成干扰）；同时，高原鼠兔也是草原上大多数中小型肉食动物和几乎所有猛禽的主要食物来源。另一方面，高原鼠兔的挖掘啃食扰动被认为是高寒草地退化的重要原因之一。有研究认为，三江源区有一半左右的"黑土滩"和沙化面积是由高原鼠兔定居、取食、繁衍等活动和土壤侵蚀造成的。因而，高原鼠兔在许多人眼里一直被看作有害动物。他们认为鼠兔和家畜争夺草场，或者它的活动导致了高寒草地的退化。鉴于此，自 1958 年以来，当地政府和有关单位在青藏高原地区开展了大范围的灭鼠工作。那么，高原鼠兔是否真的是高寒草地退化的"罪魁祸首"呢？灭鼠运动是保护了高寒草地还是加剧了草地退化呢？需要我们的科学研究来解答。

高寒草地上的鼠洞、堆土数量及其分布特征是反映高原鼠兔对高寒草地扰动强度的重要指标，可以有效揭示鼠兔扰动与草地演变的关系。而鼠洞和堆土的尺度也较小，卫星遥感数据的空间分辨率太低，难以采用遥感手段进行信息提取。而无人机因其具有空间分辨率高、成本低、易重复观测等优点，可以方便快捷地获取这些指标，从而实现鼠兔扰动的动态监测，对揭示高寒草地退化与鼠兔扰动的关系意义重大。

1.2　内蒙古高原

内蒙古高原是中国四大高原中的第二大高原，为蒙古高原的一部分，又称北部高原，位于阴山山脉之北，大兴安岭以西，北至国界，西至东经 $106°00'$ 附近，介于北纬 $40°20'\sim50°50'$，东经 $106°00'\sim121°40'$。广义的内蒙古高原还包括阴山以南的鄂尔多斯高原和贺兰山以西的阿拉善高原。内蒙古高原是一个向北渐降的碟形高原，南缘地带最高，北连蒙古大戈壁，南临黄土高原和华北平原，东西承接欧亚大陆腹地与太平洋西岸。

内蒙古高原是中国重要的牧场，草原面积约占高原面积的 80%，属欧亚温带草原区的一部分，是中国最大的绵羊及山羊放牧区和骆驼主产区之一。内蒙古自治区天然草地面积覆盖了自治区土地总面积的 67.5%，占全国草地面积的 1/4，在气候与草地变化研究领域占据非常重要的地位。高原上的降水量从东向西递减，而气温和太阳辐射量自东向西递增。因此，内蒙古草原的生态状况也随之出现由草甸草原生态系统、典型草原生态系统向荒漠草原生态系统和荒漠生态系统过渡的现象。

内蒙古自治区东部的呼伦贝尔市、锡林郭勒盟东部、科尔沁等森林向草原过渡的地区，分布有大面积的草甸草原，是温带半湿润地区地带性的天然草原类型，也是内蒙古草原中最湿润的一种类型。由于自然条件较好，草地的生物量高、盖度大，是该地区乃至全国天然草原中自然条件最优、生产力水平最高的畜牧业生产基地，也是内蒙古草原生态旅游开发最好的地方。

内蒙古典型草原主要分布于呼伦贝尔高原的西部、锡林郭勒高原的大部以及阴山北麓、大兴安岭南部、西辽河平原等地，是我国温带草原中有代表性的一种类型。由于冬春季节直接受蒙古高压中心的控制，气候干燥寒冷，而夏季受东南季风的影响，温和而湿润，从而形成短促而十分有效的生长季。该地区是我国重点牧区和传统的畜牧业生产基地，也是京、津、冀地区重要的生态屏障。

荒漠草原则主要分布在内蒙古自治区的集二线以西至巴彦淖尔东部地区，是温带干旱地区具代表性的草地类型。由于其直接受蒙古高压气团支配，具有强烈的大陆性特点，也略受东南方吹来的微弱海洋季风的影响，因而也可形成一定的降雨。植物低矮、稀疏，生物量偏低。

沙化荒漠草原主要分布在年降水量在 $100\sim200$ 毫米的巴彦淖尔市西部及阿拉善盟东部和南部。该区域太阳辐射较强，因此土壤水分蒸发强烈。受气候变化及不合理利用的影响，以沙生植物为主体的天然植被为主，表现出不同程度的次生性。

近些年来，内蒙古高原受干旱气候的影响，河流减少，地表植被稀疏，水力侵蚀作用非常微弱，风力作用强盛，使很多地方粗沙砾石遍布，甚至石骨嶙露，形成戈壁和沙漠。研究人员通过分析科尔沁沙地近50年来沙漠化的动态及其发展趋势，指出超载过牧会导致土地沙漠化，而一旦草场进入沙漠化阶段，如果继续进行过度放牧，就会很快陷入"超载过牧→草地沙漠化→超载加剧→进一步沙漠化"的恶性循环。超载过牧会直接导致生物量减少，尤其是优质牧草。长期的超载过牧还会导致草地的表土层被破坏，草地裸斑的面积增加，土壤的盐碱化现象随放牧强度的增加越来越严重。同时，过牧对微生物也会产生很大的影响，表现为影响微生物的质量和微生物的生命活动。有研究表明，草场的超载过牧将导致草场退化。一方面表现为植株高度不足，产草量随之减少；另一方面表现为优良牧草数量减少，如牲畜喜爱的豆科、禾本科牧草等，而有毒有害的适口性差的植物数量随之增加，牧草质量下降。更为严重的是，超载过牧改变了地表结构，土壤遭受风蚀，硬度加大，有机矿物质减少，肥力下降，土壤变粗劣，向贫瘠化的方向发展，直至荒漠化。

2000年春，影响华北地区的沙尘的主要发源地之一是内蒙古中西部的草原带。草原带植被的破坏为沙尘天气提供了主要的沙源和尘源，也为人类的生活和经济发展带来诸多负面影响。因此，在内蒙古高原开展无人机航拍，定期定点监测草地植被的生长和变化情况以及草地载畜量等具有重要意义，可为内蒙古高原的生态建设和可持续发展提供理论依据。

1.3 西南喀斯特区

中国西南喀斯特区是世界上面积最大的喀斯特连续带，也是喀斯特发育最典型、最复杂、景观类型最丰富的一个片区。该区域地形破碎、缺土、少水，具备生态系统脆弱和资源环境承载力差的特点。

中国西南喀斯特区存在超载过牧、毁林开荒、火烧和樵采等问题，这些问题不仅会导致植被破坏，还会引发水土流失，造成石漠化现象发生。作为喀斯特地区土壤侵蚀的终极状态，石漠化正逐渐演变为继北方沙漠化和黄土高原地区水土流失后的中国第三大土地退化问题。石漠化发生后，因地表缺少植被不能有效涵养水源，导致水土资源不断流失。同时，也增加了各种地质灾害发生的概率，进而动摇农业生产和生态环境的基础，造成人畜饮水困难。脆弱的喀斯特环境加上非理性的人类经济活动，使该地区陷入严重的环境与发展的恶性循环中，甚至威胁到长江、珠江流域的生态安全。

因此，喀斯特石漠化地区的植被研究刻不容缓。植被参数作为探测陆地表面植被生长状况的重要指标，能够定量描述生态系统的现状和区域生态环境的变化，在石漠化研究中也可以直接作为区分石漠化强度等级的重要指标。喀斯特区域丘陵丛生，林立的山峰为区域内的野外植被数据采集设置了天然障碍。加之西南喀斯特地区的云覆盖比青藏高原地区更为严重，不利于无云遥感数据获取。所以从目前来看，无人机航拍是获取该区野外植被数据的有效手段。利用无人机技术的点云技术和数字高程模型构建方法（digital elevation model，DEM），不仅可以实现植被的动态监测，也可为记录地表石漠化的变迁提供新的技术手段。

1.4　农牧交错区

农牧交错区最早被称为"农牧过渡带"，经过深入研究，学者们将其界定为以种植业为主的农耕区和以牲畜养殖为主的牧区之间的过渡地带。在这个过渡区域内，种植业和草地畜牧业在空间上交错分布，时间上相互重叠，一种生产经营方式逐步被另一种所替代。中国农牧交错区是沿着东北到西南走向的一条狭长地带，从黑龙江省的黑河市到云南省的腾冲市，倾角约为 45°，大致沿着我国人口密度的对比线——"胡焕庸线"（黑河—腾冲线）分布。

中国农牧交错区可分为北方农牧交错区和南方农牧交错区两部分。相对来说，有关前者的研究是比较多的。从地形区划的角度来看，北方农牧交错区位于内蒙古高原东南边缘和黄土高原北部，西北是一个干旱中心。这里风化作用强烈，有大量石块、沙砾和泥土等碎屑物，在风力的搬运和筛选作用下，由北到南依次形成砾石戈壁滩、沙漠、黄土高原以及黄土堆积地貌。农牧交错带正好与干旱中心的风沙流方向垂直，同祁连山、贺兰山、阴山、燕山、大兴安岭等山脉构成防风固沙的前沿阵地。从气候区划的角度来看，北方农牧交错区主要分布在半湿润气候区与干旱、半干旱气候区的过渡地带，年降水量在 250～500 毫米，降水变率大（20%～50%），生态环境脆弱，受气候和人为活动的影响强烈。

开垦和放牧是农牧交错区两种主要的土地利用方式。由于人口数量的剧增，不断开垦荒地，过度放牧，致使草地大面积遭到破坏，严重威胁当地的生态安全。从资源—经济—人口角度来看，北方农牧交错区是我国主要的能源和矿产基地。煤矿有大庆油田、大同煤田、阳泉煤田等，矿产资源有金昌的镍矿区、内蒙古的稀土矿区等。

同时，北方农牧交错区不但是农区与牧区进行物资交换的经济纽带，还是以农耕文化为主的汉族与以游牧文化为主的少数民族的交界地带。这里丰富的资源必将为我国中西部地区的经济腾飞奠定重要基础。

由此可见，在农耕和放牧活动的长期影响下，农牧交错区已形成了农业和草地畜牧业共存的特殊的生态—经济—社会复合生态系统，是典型的生态脆弱区和环境敏感区。该区生态环境的好坏，直接关系到我国西部的整体利益乃至整个国家的区域经济发展。因此，在农牧交错区开展无人机航拍，定期定点监测该区草地植被的发展状况是十分有必要的，有利于区域生态环境的改善和经济建设的可持续发展。

第 2 章　FragMAP 介绍

2.1　FragMAP 整体构架

无人机航拍系统（fragmentation monitoring and analysis with aerial photography，FragMAP）是一种利用无人机对栖息地破碎化开展小尺度长期—协同监测并对监测数据进行后续分析处理的工具。FragMAP 包含一整套的野外数据获取、数据整合和数据分析工具（图 2-1）。

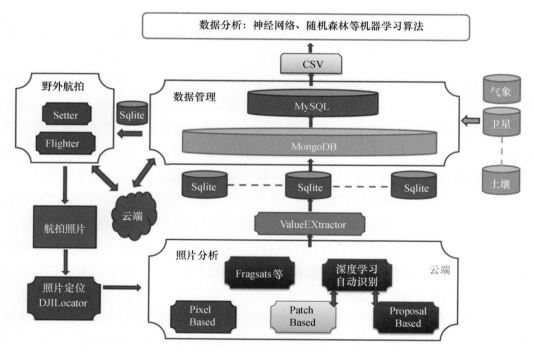

图 2-1　FragMAP 技术体系

野外航拍是数据获取的基础。这部分主要包含两个安卓应用 Setter 和 Flighter：Setter 用来设置野外工作点和航线航点；Flighter 用来控制无人机按设定的航线飞行。这两个应用是野外航拍的核心部分，也是本书重点介绍对象。野外航拍照片名按照拍照次序依次增加，不够直观，因而需要根据其所在的航点位置进行重命名，这是照片定位工具 Djilocator 的功能。定位后的照片还需要进行后续分析，获取有用信息，目前主要采用已有的专业统计分析工具（如 Fragstat）进行分析，研究团队也开发了一系列的小工具用于数据分析。当前这些分析工具还是单机版，未来将逐步开发出基于互联网的协同分析系统。分析结果可通过 ValueExtractor 工具进行提取，保存在单个 Sqlite 数据库中。

野外航拍数据及其分析结果，以及相关的辅助数据（比如气象、遥感、土壤资料等），可进一步整合到 Mysql 和 MongoDB 数据库中。一方面，关联的数据可以输出作为数据分析的输入；另一方面，可以在下一次的野外航拍时更新工作点和航线航点。按照这种方式可以不断迭代发展。

2.2　FragMAP 探索阶段

FragMAP 的研发经历了 2 个阶段，第 1 个阶段为探索阶段（2009—2015 年），这一阶段进行了多种尝试（图 2-2）；第 2 个阶段为发展阶段（2015 年至今）。

研究团队对无人机的兴趣源于使用无人机进行中尺度观测，即搭建地面观测与卫星遥感观测的"桥梁"（图 2-3）。2009 年，固定翼无人机的价格高达 90 万元/台，超过了科研课题的承受范围，研究团队无力购买。只好请求中国科学院成都山地灾害研究所的研究团队以协作方式在祁连山苏里河流域进行了航拍（图 2-4）。航拍虽然实现了预定目标，但是研究区草地不平整，不适合无人机的起降，造成了无人机的损伤。此外，固定翼无人机的起飞和降落过程需要较高的操作技巧，必须接受严格专业训练才能完成。经过评估，研究团队认为使用固定翼无人机进行航拍难以完成草地调查和监测的目标。

2011 年开始，研究团队开始专注于地面拍照，即在地面设置和卫星像元（环境小卫星，30 米）大小相当的样地，并在每个样地内分别设置 9 个均匀分布的小样方（0.5米），进行拍照并分析样方植被盖度（图 2-5）。

在此期间，团队尝试了多种相机（图 2-6），包括多光谱相机（ADC）、改装多光谱相机（XNite）、普通相机、热红外相机以及改装的近红外相机。这些相机价格不一，最贵的是热红外相机，约为 8 万元/台；最便宜的是普通相机，约为 500 元/台。普通相机的像素最高（1200 万），植被盖度的提取效果反而最好。

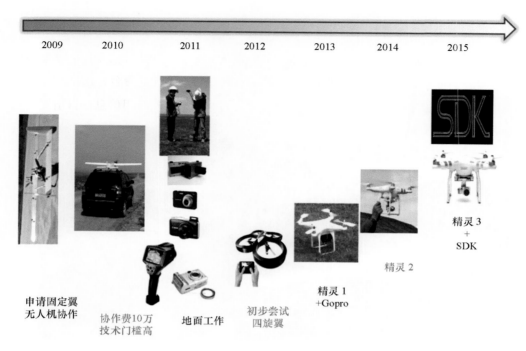

图 2-2　FragMAP 探索阶段

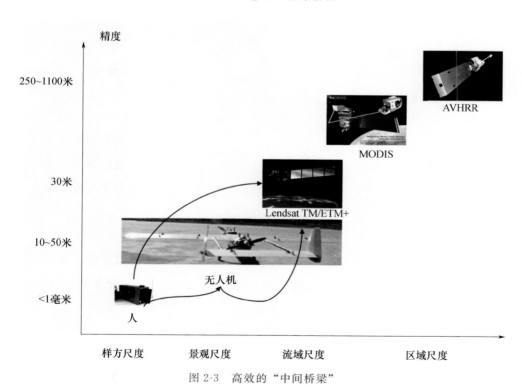

图 2-3　高效的"中间桥梁"

（a）

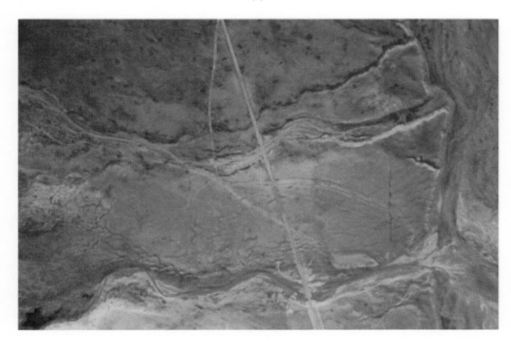

（b）

图 2-4　祁连山苏里河流域固定翼航拍现场（a）和图像（b）

图 2-5　高寒草地植被盖度观测工作照

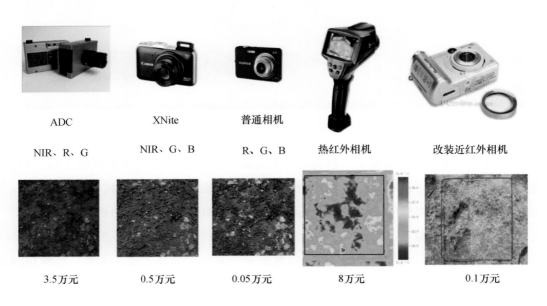

图 2-6　不同型号相机的拍摄效果及其价格

为了有效减轻地面工作强度，研究团队一直在探索无人机在草地观测中的应用。2012 年，四旋翼无人机（AR.Drone）开始兴起，测试后发现其在海拔 3900 米处只能飞 1 米高，加上续航时间短等因素，无法满足草地调查需求。

2013 年，深圳市大疆创新科技有限公司（以下简称大疆公司）发布了"精灵 1"无人机，该无人机没有集成相机，通过搭载 Gopro 运动相机，并设置定时拍照，从而获得大量的地面照片（图 2-7）。由于不知道拍摄的具体位置，因而在地面拉线进行标识。但青藏高原常年风大，线会被风吹走，转而尝试了设置固定水泥桩进行标识的方法（图 2-8）。

图 2-7　"精灵 1"无人机以及高寒草地航拍的地面拉线标识示意图

2014 年，大疆公司发布了"精灵 2"无人机。该无人机系统自带相机（图 2-9），通过遥控器连接平板，可以看到无人机拍摄的地面状况。但是该无人机存在如下不足：使用鱼眼镜头，后期处理比较麻烦；在高海拔地区，如海拔 5100 米的唐古拉垭口，不能悬停；下降时不稳定，容易摔坏云台。"精灵 1"和"精灵 2"都必须进行手动操作飞行，不能设置航点和自主飞行。在进行航拍时，需要人为徒手接无人机，该操作过程十分危险，非专业人士，切勿模仿。

图 2-8　固定水泥桩标识制作

图 2-9　专业人员徒手接"精灵 2"无人机工作照（非专业人士，切勿模仿）

2015 年，大疆公司发布了"精灵 3"无人机以及 SDK 软件开发包。SDK 包的发布，为进行二次开发使其适合不同行业的无人机应用提供了可能。研究团队参加了大疆公司组织的"大疆第二届无人机应用开发大赛"（图 2-10 和图 2-11），并从 500 多支参赛队伍（中国 300 多支，北美 200 多支）中脱颖而出，获得第 3 名的好成绩，成为唯一一支以科研为应用目标的获奖队伍。

图 2-10　研究团队参加"大疆第二届无人机应用开发大赛"的作品

图 2-11　研究团队获得"大疆第二届无人机应用开发大赛"第 3 名

2.3　FragMAP 发展阶段

FragMAP 系统具有如图 2-12 所示的特点：价格便宜，基本上在万元以内；不容易出现故障，偶尔出现问题时更换硬件（主要是云台）的成本较低；使用门槛低，基本上是全自动飞行（包括起飞和降落），特殊情况下需要进行简单的人工操作（比如地面不平时，需要手动操作降落）；照片精度高，空间定位精度高，可以形成长时间序列的定点观测资料，因而可以应用到众多生态研究领域；操作流程系统化，包括了无人机航拍数据获取的前期设置和中后期处理的全部流程。最重要的一个特点是，FragMAP 从一开始就是从协同观测的角度进行设计的。不同的研究团队可以进行分工协作，避免重复和遗漏，从而提高了工作效率。

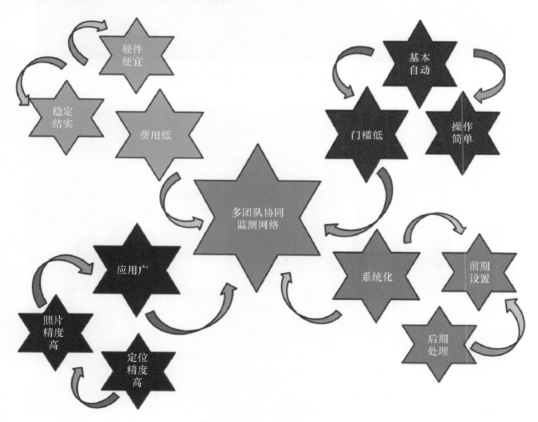

图 2-12　FragMAP 的特点

自 2015 年以来，研究团队将 FragMAP 系统推广到了众多科研单位，举办了多次相关的培训会议（图 2-13 和 2-14）。

图 2-13　FragMAP 培训现场讲解

图 2-14　FragMAP 培训现场实地操作

2019 年 4 月，举办了"南通大学第一届无人机生态环境应用研讨会"，来自全国各地的专家学者和地理科学学院党政领导、师生代表共 50 余人参加了此次会议（图 2-15）。本次会议设置了 3 个特邀报告和 12 个学术报告。其中，中国科学院植物研究所的郭庆华研究员做了题为"无人机激光雷达在生态系统研究的应用"的特邀报告；重庆市气候中心的向波高级工程师做了题为"人工智能和大数据在气候预测上的应用"的特邀报告；厦门大学的朱旭东副教授做了题为"利用无人机航拍与激光雷达数据分析红树林对淹水的响应"的特邀报告。其他参会人员就以无人机为特色手段在草地生物量、盖度、斑块、物种多样性、高原鼠兔等方面的研究做了精彩的报告，并进行了热烈讨论。

图 2-15　南通大学第一届无人机生态环境应用研讨会合影

本研究团队以及合作团队利用 FragMAP 系统开展了一系列的科研工作，至 2019 年 10 月，本研究团队发表的论文如下：

［1］Yi S H. FragMAP：a tool for long-term and cooperative monitoring and analysis of small-scale habitat fragmentation using an unmanned aerial vehicle ［J］. International journal of remote sensing，2017，38：2686-2697.

［2］Yi S H，Chen J J，Qin Y，and et al. The burying and grazing effects of plateau pika on alpine grassland are small：a pilot study in a semiarid basin on the Qinghai-Tibet Plateau ［J］. Biogeosciences，2016，13：6273-6284.

［3］Chen JJ，Yi S H，and Qin Y. The contribution of plateau pika disturbance and

生态脆弱区无人机监测规范

erosion on patchy alpine grassland soil on the Qinghai-Tibetan Plateau：Implications for grassland restoration ［J］. Geoderma，2017，297：1-9.

［4］Chen JJ，Yi S H，Qin Y，et al. Improving estimates of fractional vegetation cover based on UAV in alpine grassland on the Qinghai-Tibetan Plateau ［J］. International journal of remote sensing，2016，37：1922-1936.

［5］Qin Y，Yi S H，Ding Y J，et al. Effect of plateau pika disturbance and patchiness on ecosystem carbon emissions in alpine meadow in the northeastern part of Qinghai-Tibetan Plateau ［J］. Biogeosciences，2019，16：1097-1109.

［6］Qin Y，Yi S H，Ding Y J，et al. Effects of small-scale patchiness of alpine grassland on ecosystem carbon and nitrogen accumulation and estimation in northeastern Qinghai-Tibetan Plateau ［J］. Geoderma，2018，318：52-63.

［7］Sun Y，Yi S H，and Hou F J. Unmanned aerial vehicle method makes species composition monitoring easier in grassland ［J］. Ecological Indicators，2018，95：825-830.

［8］Zhang H，Sun Y，ChangL，et al. Estimation of grassland canopy height and abovegroundbiomass at the quadrat scale using unmanned aerial vehicle ［J］. Remote Sensing，2018，10：851.

［9］杜嘉星，孙义，向波，等．基于BIOMOD的黄河源区高原鼠兔潜在分布及其影响因子［J］．草业科学，2019，36（4）：1074-1083.

［10］杜嘉星，宜树华，秦彧，等．青海省河南蒙古族自治县高原鼠兔洞口空间分布格局及其成因研究［J］．安徽农业大学学报，2019，46（6）：415-419.

［11］郭新磊，宜树华，秦彧，等．基于无人机的青藏高原鼠兔潜在栖息地环境初步研究［J］．草业科学，2017，34：1306-1313.

2.4　FragMAP 的不足和未来发展

基于FragMAP开展了大量的野外工作，并取得了初步的研究成果，但是还存在以下不足。

2.4.1　野外航拍方面的不足

基于FragMAP已经形成了多团队协作航拍的局面，但是这些团队主要是科研团队，规模有限。目前，大量的"驴友"在各地旅游，有不少人有无人机。如果能充分利用这些资源，可以大大减少科研人员的野外工作量。2019 年，已经初步实现了"无人机公民科学家"的野外航拍功能，即"无人机公民科学家"下载 FragMAP 应用以后，可以在线选择已有并公开的航线进行飞行。经过初步实践，与本研究团队一同出野外的司机经过 2～3 次培训，1 天之内就可以完全掌握，第 2 天就可以独立操作，完成数据采集。该应用的核心功能已经实现，但是还有不少细节需要考虑，比如如何给予报酬、观测频次要求等。

尽管当前已经有了一些无人机表演，可利用多台无人机进行组队，但我们还是一次使用一台无人机进行航拍。将来，可以使用多台无人机同时进行航拍，提高工作效率。

2.4.2　照片分析力度有待提高

目前已经获得了大量的航拍照片，但如何快速准确地提取有效信息仍是一大挑战。尽管已经开发了植被盖度、鼠兔洞口、斑块等信息提取软件，但是这些软件都是单机版的，在照片分发、数据整合，尤其是协同分析方面还有不少弊端。建立基于云端的协同数据分析系统是未来发展的方向。同时，在鼠兔洞口以及物种识别上，目前还是以手工划分为主，效率低下，这也是制约海量数据信息提取以及高水平文章发表的主要因素。基于深度学习的图像识别方法已经得到了广泛的应用，但该方法需要大量的训练样本。而这恰好是本研究团队的优势，目前已经开始了初步的样本准备以及训练和识别。

2.4.3　教学及其他应用亟待拓展

尽管目前已经基于 FragMAP 系统发表了一系列学术论文，但是在社会服务以及教学实践等方面起步较晚，今后的工作需要在这些方面予以重视。目前，团队指导的本科生基于本系统完成的 2019 年暑期社会实践"滨海物种多样性及演替分析调研"荣获得了南通大学暑期社会实践优秀团队二等奖，指导老师获得优秀指导老师称号，5 名学生获得暑期社会实践先进个人称号；团队指导的本科生基于 FragMAP 系统完成的"拍山倒害——灾害预警助力泽库县脱贫攻坚"项目在 2020 第六届江苏"互联网＋"大学生创新创业大赛中获得三等奖；基于 FragMAP 系统完成的社会服务和教学实践成果有国家级媒体报道 12 篇、省级媒体报道 2 篇、市级报道 5 篇、校级媒体报道 9 篇。

第3章 无人机及常用飞行操作

3.1 无人机简介

无人驾驶飞机简称"无人机",是利用无线电遥控设备和自备的程序控制装置操纵的不载人飞行器,无人机实际上是无人驾驶飞行器的统称。在英文表达中,除了最常用的"drone"之外,常见的还有"UAV"(unmanned aerial vehicle)和"UAS"(unmanned aircraft system)。UAV 与 drone 指的都是无人机,而 UAS 则指的是整个无人机系统。

无人机发展的初期出于纯粹的军事用途。一战时期,英国研制的世界第一款无人机被定义为"会飞的炸弹"。二战时期,德军已经开始大量应用无人驾驶轰炸机参战。二战后无人机研发的中心出现在美国和以色列,用途延伸至战地侦察和情报搜集,无人机被派往朝鲜、越南和海湾战场协助美军和以色列军队作战。正是由于无人机在侦查方面的低成本、控制灵活、持续时间长的优势,各国军队相继投入大量经费研发无人机系统。

军用无人机技术外溢后,民用无人机技术开始进入一个"黄金时代"。20 世纪末,中小型固定翼和旋翼战术无人机系统出现,体积小、价格更低、机动性好,标志着无人机进入大规模应用时代。

在此以大疆公司部分产品(图 3-1～图 3-6)为例,对民用无人机进行简单介绍。

2012 年,大疆"精灵 1"推出,是世界首款到手即飞的航拍一体机。"精灵 1""精灵 2"和"精灵 3"产品现已不再生产,因此对其具体参数细节不作赘述。"精灵 4"系列产品如图 3-4 所示,凭借其性能和价格优势,是目前科研航拍中的主力。相比上一代"精灵 3",更新的内容包括指点飞行、视觉追踪、环境感知/避障和运动模式等。"精灵 4"对相机、云台、机身、旋翼和动力系统进行了全面升级,令飞行更平稳、拍摄更清晰、动力更强大。"御"(图 3-5)最高支持 30 帧/秒的 4K 视频,并能以 1200 万像素 RAW 格式记录细节丰富的高品质图片。"晓"(图 3-6)大小与手掌一般,宽度约为 14

厘米，长度大概是 16 厘米，轴距约 200 毫米。机身样式方面，"晓"采用非折叠设计，相比科研航拍，"晓"更适合生活航拍。

图 3-1　"精灵 1"无人机

图 3-2　"精灵 2"无人机

图 3-3　"精灵 3"无人机

图 3-4　"精灵 4"无人机

图 3-5 "御"系列无人机

图 3-6 "晓"无人机

3.2 无人机飞行操作常识

操作无人机不同于使用遥控飞行玩具，因其危险系数较高，无人机在应用时应特别注意操作安全。不过如果能够遵守飞行守则，可以在很大程度上避免许多风险，使得无人机操作的安全系数大幅提高。

首次飞行，最好在室外找一个空旷地带进行。在室外飞行手动操作中，要注意"对头飞行，对尾飞行"方式。简单讲就是飞行操作时，机尾对人或机头对人，对尾飞行的飞行方向就是人操作摇杆的方向，而对头飞行的飞行方向与打杆方向完全相反。如果是新手，建议先熟练对尾飞行。在空旷的地方飞行，尽管飞行时不必抬头一直盯着飞行器，但是要保证飞行器一直处于视野范围内，高楼和植被的阻挡有时会影响遥控和实时信号。

开机过程中，要先开飞行器，再开遥控器，然后进入应用程序（App）。使用遥控器时，要着重注意操作习惯，不同操作习惯下遥控器的摇杆布局也不同。

如果指南针异常，可采用 DJI GO 应用程序调整，根据提示指令，通过旋转和翻转无人机完成指南针校准。有时候，因为 GPS 或者遥控信号丢失，飞行器会尝试自动返航。但是飞行器并不能预见周围的障碍物，此时，应该使用遥控器的专用开关紧急取回遥控权。同时，注意不要忽略启动相机后 App 的任何提示。云台故障、SD 卡未插入、矫正指南针等提示都非常重要，忽略这些提示强行起飞，很容易造成事故。

时常检查。首先是检查电池容量，按住电源五秒可以显示电池总容量，一般来说 4 盏灯有 3 盏以上常亮代表电池容量正常。电池寿命下降，有时会造成供电不稳定，飞行器会无预警下降。其次检查螺旋桨状态，这是飞行器最容易损坏的部件，要经常检查是否有缺损或者是裂痕。如果有其他异常，可以参照提示操作，或者重启解决。需要注意的是，遥控器摇杆"内八"式起飞，降落时可以用左摇杆，也可以一键降落。

3.3　无人机飞行"交规"及注意事项

近年来，多次发生无人机"闯入"机场影响航班的事件。对于无人机使用者来说，这种情况该如何避免呢？

根据民航局的最新规定，民用机场都划定了机场净空区，也称为机场净空保护区，主要目的是为了保证飞机在起飞和降落时的安全。由于飞机在起飞、降落阶段的飞行高度低、机动能力差，遇到无人机等升空物体很难采取有效的手段及时规避，可能威胁飞行安全，或者造成航班延误。所以，为了保障飞行安全，需要在飞机起降的区域创造一个干净的空域，这个区域的范围是跑道中心线两侧各 10 千米，跑道两端各 20 千米的范围，在这个机场净空保护区域内是不允许无人机进入飞行的。作为无人机使用者，飞行时如果您不清楚机场跑道的朝向，那不妨先看看地图，确保自己处在机场 20 千米以外的地区，越远越好。

根据《民用驾驶航空器空中交通管理办法》的规定，除机场附近外，还有飞行密集区、人口稠密区、重点地区、繁忙机场周边空域也不允许无人机飞行。重点区域一般是指军事重地、核电站和行政中心或者地方政府临时划设的区域，作为无人机爱好者也一定要规避这些区域进行飞行。

当然，离开禁飞区也不是想飞就能飞的。根据民航局《轻小型无人机运行规定》，以下 3 种情况不需要审批：一是无人机在室内进行飞行；二是 7 公斤以下无人机在视距范围内飞行；三是无人机在人烟稀少，非人口稠密地区进行的试验飞行。如果飞行需求超过了这个范围，那就一定要向有关部门进行申请，获得审批之后再进行飞行。

无人机可以是玩具，也可以是工具，但是如果飞行不当，它很有可能变成凶器。我们在使用无人机时，一定要确保自己没有处在禁飞区，清楚自己在什么样的情况下无须进行飞行审批，确保飞行的安全，合法开展无人机航拍活动。

大疆公司的 App（DJI GO）里面有禁飞区，但是禁飞区也会变化，有永久禁飞区和临时禁飞区。有些禁飞区有明确的相关规定，有些则没有。

在利用无人机进行航拍时，尽量避免在以下区域上空飞行，包括政府机构、军事单位、带有战略地位的设施（如大型水库、水电站等）、政府执法现场、政府组织的大型群众性活动现场、监狱、看守所、拘留所、戒毒所、火车站、汽车站广场、危险物品工厂和仓库等。

3.4　航拍科学数据采集注意事项和常见问题

3.4.1　野外工作前的准备

在野外工作开始之前，要提前规划好科考路线，详细了解禁飞与限飞区域。由于野外工作大都位于环境恶劣、通信信号不畅的偏僻地区，无人机损坏的情况时有发生。为确保野外工作的顺利进行，每个野外组要准备两个无人机备用。

在运输过程中，一定要把无人机的卡扣卡上，开机前把卡扣去掉（云台问题会导致无人机无法使用）。无人机和平板电脑的连接线要选用原厂配置的，副厂生产的连接线可能会出现平板电脑和无人机无法正常连接的情况。建议每个无人机备份一根。

飞行过程中，无人机震动可能导致 SD 卡松动的情况，建议每个无人机备份 2 个 SD 卡。

3.4.2　起飞前的注意事项

由于国家实行了严格的无人机管控制度，执行飞行任务前，每个无人机都要注册大疆无人机账号（手机号码或者邮箱），在 Flighter 界面进行账户登录和无人机登录。此外，野外通信信号不畅，在开展野外工作之前，需要预先在室内对 Google 地形图进行加载，加载时最好将比例尺放到最小（10 米），这样有助于在野外设置航线（底图可以显示道路，河流等信息）。

在执行无人机航拍任务之前（最好提前一天），必须检查电池、遥控器和平板电脑的电量，检查无人机是否安装了内存卡及内存卡的容量。通常情况下，电池电量低于30％、遥控器电量低于 14％时，不建议飞行。因为在低电量情况下，电池和遥控器的电量会急剧损失，当遥控器耗尽电量，自动关闭后将导致无人机无法收回。飞行任务开始之前，先打开平板查看两个 App 是否可以使用。如果出现一些误操作状况，平板的存储方式可能会变为默认内存存储。此时，即使重新设置，也有可能导致机器码发生改变。虽然这种情况出现的概率很小，但一旦出现，应尽快联系相关人员更新 field trip. config 文件。

开机前，检查无人机各个部件的连接是否牢固。着重检查螺旋桨和电池是否安装正确和稳固，并反复确认正旋和反旋螺旋桨的安装方式是否正确。检查时，切勿贴近或者接触旋转中的电机或螺旋桨，避免造成割伤等意外。同时也要仔细监测遥控器的操作模式（中国手、美国手和日本手）以及相机的固定架是否取下（如果没有及时取下来，开机后的误操作会导致云台受损）。

起飞前，有 3 项内容需要注意：①选择 USB 的连接方式。当无人机连接平板后，会出现"USB 连接方式"的提示指令。此时，需要选择"传输文件"的方式，以确保无人机和平板电脑的正常连接。②检查相机的曝光补偿值（EV）和白平衡参数设置。当无人机和平板连接后，很容易出现不小心碰到旋转按钮导致曝光补偿值（EV）增大或者减小的情况，从而导致航拍照片要么高光严重溢出，要么死黑一片，无法识别下垫面类型。③起飞点的选择。起飞点要平坦、土壤紧密、周围没有障碍物。如果没有合适的起飞点，就要调查现场人为设置起飞点。一般情况下，选择面积为 1 米×1 米的区域作为起飞点。但要确保起飞点上无人机相机的正前方没有遮挡物，尤其是"御"系列机型。相机镜头在起飞前会自动对焦，并且默认前方物体为焦点，导致飞行任务前期的航拍照片（4～5 个工作点）模糊不清。另外，设置航线前，要仔细观察周围高空是否有高压线。如果高压线密度较大，高度高于 20 米，则不建议飞行。

在气温较低的情况下，无人机在飞行过程中容易遇到电压骤降、飞行动力不足等问题，甚至有可能发生坠机、炸机等情况。无人机飞行的动力多数是由锂电池提供的，而低温环境会降低锂电池的性能。当电池暴露在低于 15 ℃以下的环境中时，电池化学物质的活性显著降低，内阻增大，导致放电能力降低。电压大幅下降（单电芯低于 3 伏）存在 2 大风险：①飞行器动力系统的最大推力不足以维持飞行；②电池会自动关机以避免电芯过度放电。因此，有必要了解无人机锂电池的工作原理。

对于自重较大的无人机，本身就需要更大的电流来维持动力；飞行器持续进行大机动飞行时，如满油门爬升等，电池会持续大电流放电；高原地区，由于空气稀薄、气压低，飞行器需要更高的电机转速来维持动力，电池的输出电流也会进一步加大。综合以上情况，加之冬季的低温，将使电池的压降进一步增大；严重时，甚至会导致电池因电压不足而关闭，并最终造成飞行器断电坠机。电池环境温度越低，起飞后电芯的电压越低。待电池温度上升后，电压慢慢会恢复正常。低电量起飞时，电池的起始电压偏低，同时电池的本体温度也偏低，电压会被迅速拉低，大大增加了电压不足的风险。

因此，在低温环境下飞行时，需要采取以下措施来保障飞行任务的顺利执行：①飞行前，务必将电池充满电，保证电池处于高电压状态；②将电池充分预热至25摄氏度以上，降低电池的内阻，建议使用电池预热器；③起飞后保持无人机悬停1分钟左右，让电池利用内部发热，让自身充分预热，进一步降低电池内阻。

3.4.3 飞行中的注意事项

航拍过程中，为了省电并提高工作效率，在从上一个航点飞往下一个航点的过程中，可以采取手动方式，增加油门（中国手为右手）使无人机快速到达目标航点。飞行任务执行过程中，如果出现突发状况，一定要沉着应对。一旦出现意外，可以将无人机飞行模式由自动模式转为手动模式，具体步骤为将遥控器上的小拨杆由"F"档/键拨到"P"档/键。

极端情况下，无人机在失联时会直接坠机。为了在最短时间内找到丢失的无人机，需要使用App中的定位和轨迹功能。无人机在飞行过程中会自动记录飞行轨迹，手持平板电脑也可显示轨迹，只要朝着无人机的最后一个轨迹点径直行走，就可以比较迅速地找到坠落的无人机。

3.4.4 返航前的注意事项

在完成航拍工作返航时，要提前选好降落位置，一般要选择平坦且无障碍物的地点。同时，在降落前，需要将相机镜头调整到与地面平行的状态，这样可以最大限度地减少灰尘等进入相机镜头的概率。如果返航点附近没有合适的降落点，则要采用人工方式，手动接住缓慢降低的无人机。此时，需要两个人相互配合，并且两人都要时刻关注无人机的动态。一个人负责手动控制无人机降落的速度及机头方向，另一个人要举起双手准备接住无人机，前提是必须保证操作人员的人身安全。这种方式是在恶劣环境中开展野外工作时不得已采取的手段，如果实地情况没有恶劣到必须要这么做，不建议采用这种操作方式。为了减少风险，提供以下建议：对于"精灵"系列，在人工接机时，可让无人机下降到一定高度时悬停，双手握住无人机底部的支架，始终保持无人机与地面平行，待无人机完全关机后将无人机放置到地面上。切忌在此过程中倒转无人机，对无人机的惯性系统造成损害。对于"御"系列，由于有独特的视觉定位系统，在接近降落点时会自动下降，人工接机时必须要采取规范的方式，否则无人机可能无法降落，甚至造成人身伤害；标准操作方式为从前面抓住无人机的两个脚，并保持机身与地面水平，一定不能从正下方接机，因为"御"系列机型一旦探测到有障碍物时，无人机会自动抬升。

3.4.5　航拍结束后的注意事项

每次航拍结束后，一定要及时完成数据预览和备份工作。首先需要预览照片。如果出现照片过度曝光或者曝光不足的情况，地面物体无法识别时，需要检查相机的参数设置，并重新执行航拍任务。其次，导出数据并备份。从无人机导出数据时要用数据线，不要频繁插/拔 SD 卡，会导致 SD 卡和卡槽松动，致使在飞行过程中发生 SD 卡丢失的情况。然后，给平板电脑、遥控器和电池充电。最好采用直流电充电方式，如果情况不允许，只能采用车载充电的方式，务必要保证在航拍前一天适当给电池充电，因为车载充电器冲的多是虚电。此外，在灰尘较大的地区飞行时，每天的航拍任务结束后，还需要对相机镜头进行合理的除尘。

如果无人机出现无法正常飞行的情况，请首先检查起飞点周围是否有磁场干扰（尤其是金属，如铁皮）。排除磁场干扰后，请将无人机和 DJI GO 或者 DJI GO 4（支持目前的大多数机型）连接，检查是否需要对固件进行升级、陀螺仪或者指南针是否正常等。

野外观测期间，如遇大雨和大风等恶劣天气，不建议飞行。个别情况下，如果在小雨天执行了飞行任务，要及时将无人机擦干并用电吹风除湿。

野外结束后，要对无人机进行保养，包括对相机镜头进行除尘、定期对电池进行充放电，以保持电池的状态良好。

第 4 章　FragMAP Setter 安装与操作

近年来，小型无人机在生态研究方面的应用越来越广泛，如何定点获得海量数据是开展生态脆弱区生态研究的前提。本研究团队结合这一科学问题的需求自主开发了 FragMAP Setter 软件，该软件在平板电脑上安装后，与小型无人机相结合即可完成数据获取和初步分析。本章将详细阐述软件的安装、主要功能及具体操作。

4.1　平板电脑型号要求

建议选择华为 M5 青春版平板电脑，以避免一些常见的系统不兼容问题。

华为 M5 平板电脑主要包括 4 个物理功能键（图 4-1），依次为音量增加键、音量减小键、开关机键和 home 键。每次通过开关机键打开平板电脑后，不仅可以继续使用开关机键来点亮和关闭显示屏，还可以通过点击 home 键来点亮显示屏，左右滑动屏幕后进入操作界面（图 4-2）。退出打开程序时，可通过滑动 home 键来完成，如图 4-3 所示。

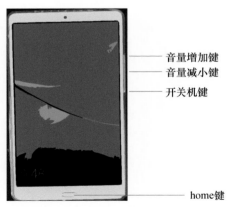

音量增加键
音量减小键
开关机键

home键

图 4-1　华为 M5 平板电脑示意图

图 4-2　M5 操作界面

图 4-3　滑动 home 键出现的提示界面

4.2　设置默认存储位置

　　为便于无人机航拍资料的移动、存储和备份，需要将默认的存储位置更改至 SD 卡中。对于 M5 版本，设置方法如下：首先在设置菜单中点击存储按钮，然后选择 SD 卡按钮，如图 4-4a 所示。在该菜单中，将 SD 卡后方的◯按钮激活为◉状态，在弹出的提示和注意事项菜单栏中点击确认完成设置（图 4-4b、c）。此时，存储位置将修改至 SD 卡。

(a)

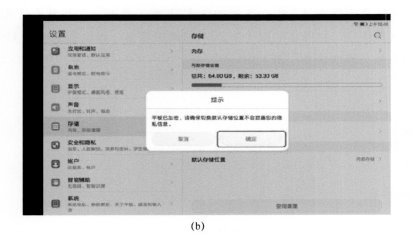

(b)

(c)

图 4-4　存储位置

如果存储位置在某些情况下变为内存（比如，在关机前将 SD 卡拔出），那么 Frag-MAP 应用程序将无法识别 SD 卡上面的文件，有时甚至还会改变机器码。

4.3　设置开发人员选项

开发人员选项由谷歌提供，是一个面向开发人员的服务。其主要功能是实现对 App 的验证、优化、调试等，不仅能够帮助开发人员发现一些 bug，还可以为 App 的深层优化提供直观的选项和数据，属于安卓 App 开发时的基本调试工具。在 M5 平板上的具体操作步骤为：打开设置菜单，进入系统选项（图 4-5a），单击后在弹出式菜单栏中，连续单击版本号 7 次后出现如图 4-5b 所示界面；在开发人员选项中，点击开发人员选项按钮，将弹出如图 4-5c 所示的操作界面，将该选项中的 USB 调试按钮由关闭状态改为激活状态（图 4-5d）。

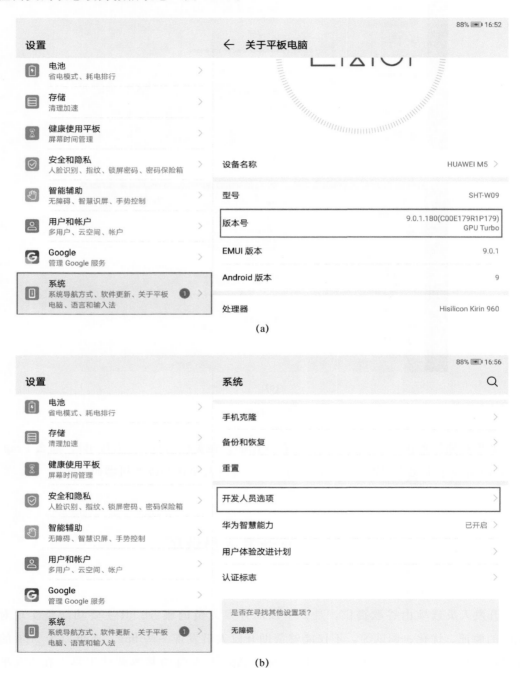

(a)

(b)

(c)

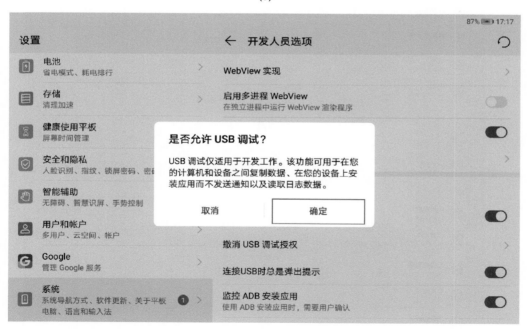

(d)

图 4-5　设置开发人员选项

4.4　激活 USB

完成开发人员选项和默认存储位置的相关设置后，开始安装软件。安装软件时，首先需要设置 USB 连接方式，具体操作步骤为：通过数据线将平板和电脑进行连接，选择 USB 连接方式中的传输文件选项完成设置（图 4-6）。

(a)

(b)

图 4-6　设置 USB 连接方式

4.5　获取机器码

首先下载安装包，安装包解压后找到 PFS 文件，将整个文件夹拷贝到 SD 卡的根目录下，拷贝方式选择覆盖（图 4-7），将 FragMAP Setter.Apk 文件拷贝到 SD 卡的根目录。打开华为平板电脑的文件管理器，在存储卡上找到 FragMAP Setter.Apk 文件，点击后开始安装，软件安装完成后点击完成按钮返回主界面。点击 FragMAP Setter App 即可打开该应用程序，并获得该平板电脑的机器验证码（如 ff……587），可将该机器码发送给联系人完成后续操作（图 4-8）。

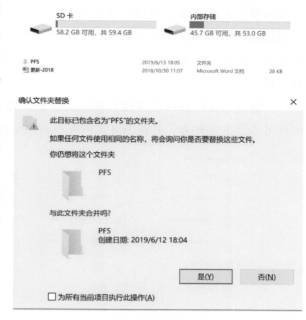

图 4-7　获取机器码的操作步骤

图 4-8　机器码示意图

4.6　软件拷贝

每位操作人员均需要申请一个野外号，比如 166。申请野外号时，需要提供机器码，团队负责人会生成一个专有的 fieldtrip.config 文件（此文件是加密的）。目前，采用了在 fieldtrip 文件夹下提供一个 ftid 文件夹的方式。具体操作时，需要完成以下文件拷贝工作。

（1）新建数据存放目录并拷贝 ftid 文件夹。在 PFS/fieldtrip 文件夹下，新建一个以野外号命名的文件夹，并将 ftid 文件夹放到该文件夹下（图 4-9）。

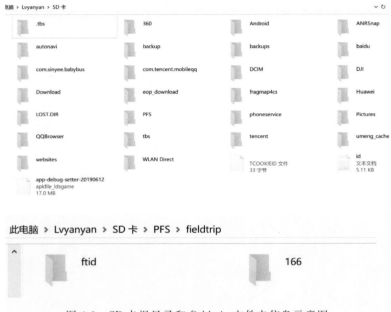

图 4-9　SD 卡根目录和 fieldtrip 文件夹信息示意图

（2）拷贝数据库文件。从 PFS/fieldtrip/ftid/original 文件夹中，把 fieldtripall.db 和 fieldtriptype.db 文件拷贝到 PFS/fieldtrip 文件夹下（图 4-10）。第一个数据库文件包含了已有的工作点、航线和航点信息，一般每年更新一次。

（3）地图文件拷贝。完成数据库文件的拷贝后，还需要把 PFS/fieldtrip/ftid/下的 map 文件夹完整拷贝到数据存放目录（比如 PFS/fieldtrip/166 文件夹）下。如果 map 文件夹中的 Unique_Work_Point 文件不小心丢失了，可将此 Unique_Work_Point 解压后放在 Map 文件夹下即可。其中，M5 版本不再需要拷贝 history.txt 和

setting.txt 文件了，App 会自动生成（图 4-11）。

图 4-10　拷贝 fieldtripall.db 和 fieldtriptype.db 数据库文件

图 4-11　map 文件的拷贝

至此，FragMAP Setter App 已安装成功，应用程序主界面如图 4-12 所示。

图 4-12　FragMAP Setter 主界面

对于一些需要额外加载的地物信息，可以预先将数据转换为 shapefile 格式（.shp 文件），存放在 PFS/staticdata/shpfiles 文件夹下（图 4-13），以便需要时调用。

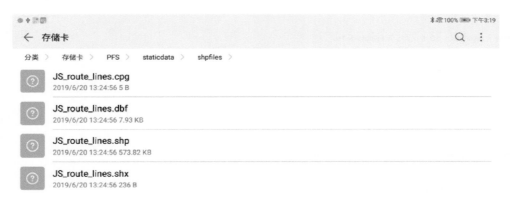

图 4-13　shape 文件存储路径

第 5 章　野外观测常用操作

5.1　野外距离测量

打开 GPS，点击定位，然后点击右侧菜单条中的测距，选择测量的起点，在地图界面中点击，再根据需要点击终点，地图界面即可显示起点和终点的位置，以及两者之间的直线距离，当点 2 个以上点时，距离为这些点按先后顺序连成折线的总长度（图 5-1）。

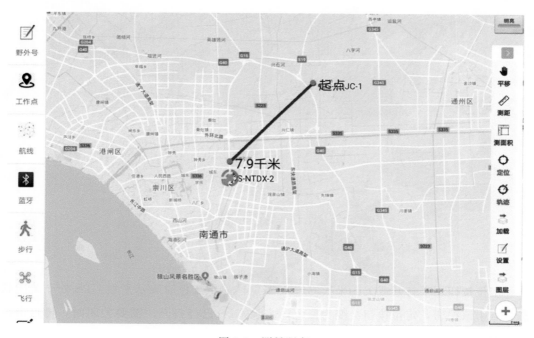

图 5-1　测量距离

5.2　面积测定

点击右侧菜单中的测面积，然后在地图界面点击所需测定的区域，曲线闭合后即可显示所测区域面积的大小（图 5-2）。

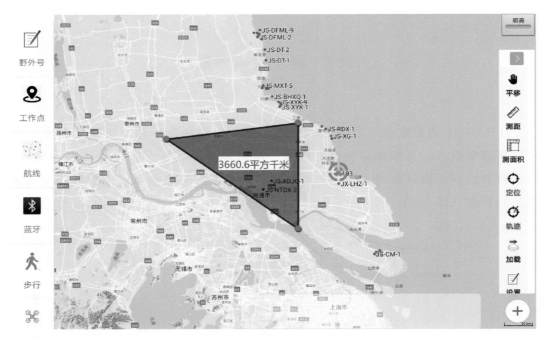

图 5-2　面积测量

5.3　定　位

定位按钮用于打开或关闭平板 GPS，当定位显示红色时表示平板 GPS 处于关闭状态。点击该按钮，定位按钮会变为黑色，表示 GPS 已经打开。需要关闭时，再点击该按钮即可。

5.4　轨　迹

如果是在设置航线的情况下，打开定位以及打开轨迹（变为黑色），每秒钟会在地图上增加一个红色的点，用于没有地图和网络的情况下，沿着道路走一段，确定自己要飞行的区域。在其他情况下，隔几秒（在设置中给定）会在地图上增加一个黑色的点，一般用于记录车辆轨迹。取消定位时也会自动取消轨迹功能。

5.5　加载 shp 文件

对于一些需要特别加载的信息，可以先处理成 shp 文件并保存在 PFS/staticdata/shpfiles 文件夹下。点击右侧菜单栏中的加载，这些 shp 文件即可出现（图 5-3a），点击右侧的勾选框，当右侧方框中有对号出现时表示已选择所要加载的文件，点击确定，即可加载（图 5-3b）。

(a)

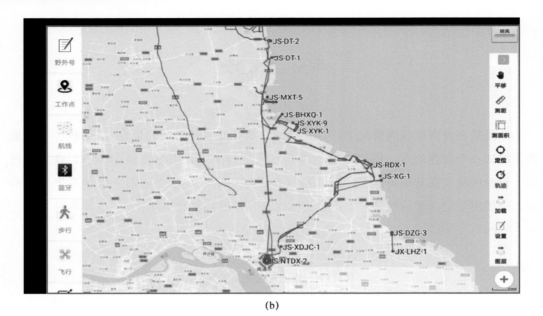

(b)

图 5-3　加载 shp 文件

5.6　设　置

点击设置按钮，即可打开设置界面，可对图层名称、平板行程记录时间和写入时间、航线重叠率、无人机类型等进行设置（图 5-4）。

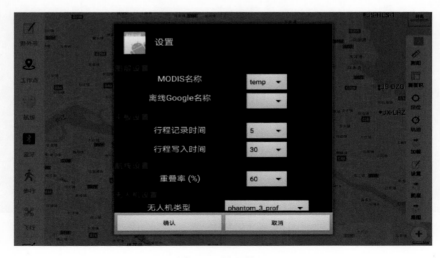

图 5-4　界面设置

5.7　图　层

点击图层，可以选择所需显示的图层（图 5-5）。

图 5-5　图层选择

5.8　底图下载

打开定位，点击底图按钮，然后在地图上拖出一个矩形，再点击底图按钮，会弹出地图下载界面，点击开始下载就可以下载自己所选区域的底图了（图 5-6）。底图的下载需要在平板联通网络的情况下进行，最好在有网络的宾馆提前下载好第二天野外区域的底图，下载区域不要太大，以免浪费平板存储空间。

FragMAP Setter 可以加载 5 种类型的底图，分别是 Google 线路、Google 地形、Google 卫星、天地图线路、天地图卫星，读者可根据研究需要选择地图的类型，方法是点击右下角"＋"，选择地图类型，菜单条为灰色时即表示已选择（图 5-7）。

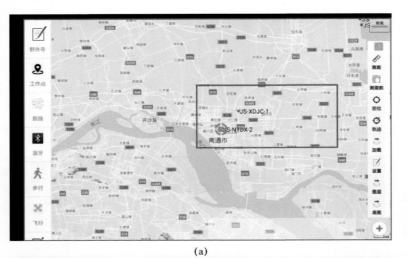

(a)

(b)

(c)

图 5-6　底图下载

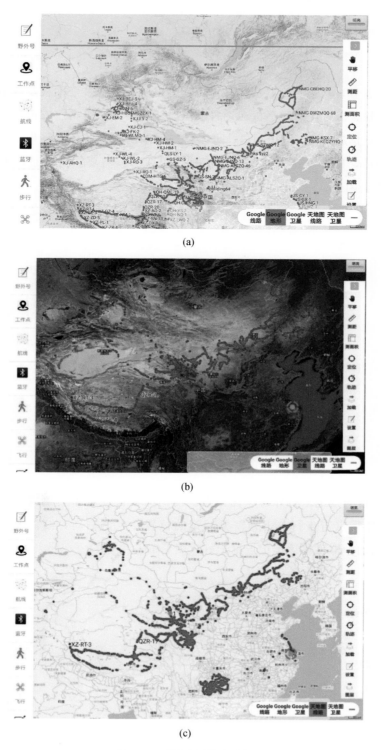

(a)

(b)

(c)

图 5-7　不同地图模式选择

5.9 蓝牙共享

点击蓝牙按钮就可以打开蓝牙共享窗口,可以实现附近多个平板及其他蓝牙设备间的航点信息传输,以方便不同平板在设置航点时互相参考。点击已有可以与之前链接过的平板进行航点信息传输,点击扫描,可以发现周围已打开蓝牙的平板,选择后点击链接,建立链接后,即可发送或接收航点信息(图5-8)。需要注意的是,平板必须要打开蓝牙,否则会闪退。

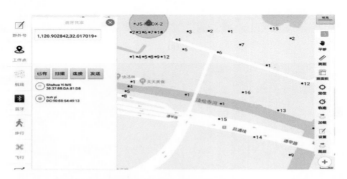

图 5-8　蓝牙共享界面

5.10 步 行

步行按钮目的是记录野外特殊标记点。使用时,首先点击右侧的定位按钮(按钮变成黑色),然后点击步行,走到需要标记的位置,点击刷新,给需要标记的位置命名,再点击添加,即可将该标记点标记好(图5-9)。

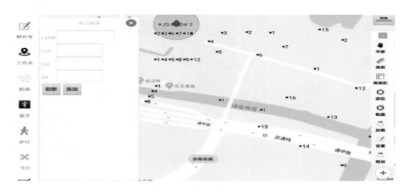

图 5-9　步行轨迹界面

5.11　飞　行

航点设置好后，点击飞行按钮，界面将自动跳转至 FragMAP Flighter 飞行控制界面（图 5-10）。

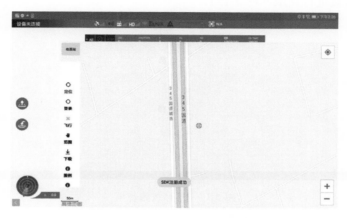

图 5-10　FragMAP Flighter 飞行控制界面

5.12　机器码

每个平板电脑都有一个确定其身份的唯一机器码，点击机器码即可查看（图 5-11）。

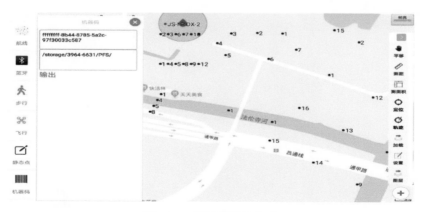

图 5-11　平板机器码查看

5.13　地图平移

将定位按钮关闭，然后点击右侧平移按钮，然后在地图上滑动，可以将地图滑动到用户想要的区域进行显示（图 5-12）。

图 5-12　平移按钮使用

第6章 工作点设置规范

点击打开华为 M5 平板电脑上安装好的 FragMAP Setter 软件主界面（图 6-1），左侧为野外号、工作点等菜单栏，右下角的"＋"和右侧的"＞"为隐藏的菜单栏。

图 6-1 FragMAP Setter 主界面

6.1 野外号

每个平板电脑都有一个固定的野外编号，以方便后期照片处理时确定照片来源。点击野外号，可以查询该平板电脑野外号的相关信息，如有效期、平板电脑管理员、平板电脑所在位置信息、平板电脑机器码、平板电脑已建立的工作点数量等（图 6-2）。

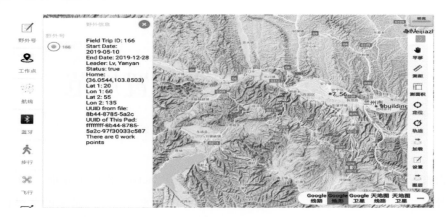

图 6-2　野外号及相关信息

6.2　工作点的建立

打开平板电脑的定位功能后，点击右侧菜单栏中的"定位"，红色点即为研究人员所在位置（图 6-3a），出现蓝色十字的标记，点击下方菜单栏中的"确认"，然后在左侧工作点信息中进行命名，命名后点击"增加"（图 6-3b），工作点成功建立。

(a)

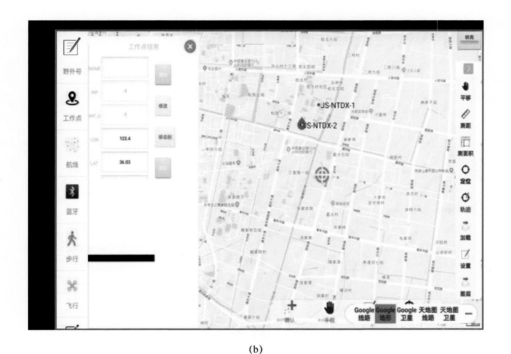

(b)

图 6-3　野外工作点建立过程

6.3　工作点命名规则

（1）为了便于管理和规范野外工作，野外工作点命名方式统一按照"省-县-数字"的形式命名，其中省-县的表达均以省-县名称拼音的第一个大写字母表示，数字则表示该省-县内的工作点编号。例如，内蒙古阿拉善盟额济纳旗的前 5 个工作点可按照上述规则依次命名为 NMG-EJNQ-1、NMG-EJNQ-2、NMG-EJNQ-3、NMG-EJNQ-4、NMG-EJNQ-5，如图 6-4 所示。

（2）由于某些情况下会存在重复，因此每次野外设置新点时适当加入个人姓名的缩写。比如 NMG-EJNQ-1-yis。等野外结束后，再按规则（1）中的顺序进行整理。

规则（2）适用于大范围调查，如果是小范围的工作则不需要。

图 6-4 命名规则示例

第7章　航线设置

7.1　Grid 和 Rectangle 飞行模式的航线设置

Grid 和 Rectangle 飞行模式航线设置操作基本相似。Grid 航线在设定大小范围内均匀的选取 16 个航点，而 Rectangle 航线则沿设定矩形的长边和宽边上均匀布设 12 个航点。

具体操作如下：首先点击左侧菜单中的航线，在航线设置命令框中选择 Grid（图 7-1a），然后在地图界面点击，即出现 16 个红色的点（图 7-1b），继续点击，找到要飞行的大致位置，然后滑动最下方的菜单栏，找到左移、右移等符号，对航点进行微调，可根据需要在左侧选择 X1 或 X10（图 7-1c）。调节好位置之后可以通过设置 length 和 width 来确定飞行区域的大小（图 7-1d）。点击左侧菜单栏中确认航点，弹出对话框一旦确认不可以改变，选择确认，对航线进行命名，本例子中命名为 Way G1（图 7-1e），点击增加，Grid 航点即添加成功（图 7-1f）。

如果设定的工作点需要执行两个或两个以上的 Grid 飞行航线，则直接在地图界面进行点击，重复上述操作，命名为 Way G2（提示，每次命名都不能与前者重复，如重复则会提示操作有误），即可成功添加新航线（图 7-2）。

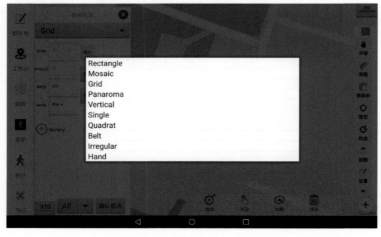

(a)

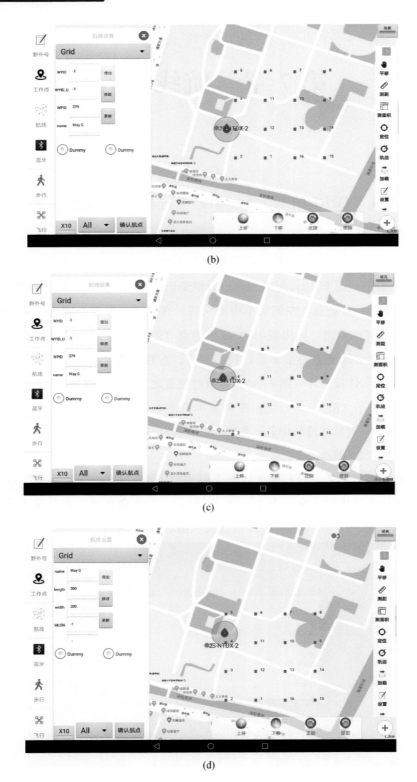

(b)

(c)

(d)

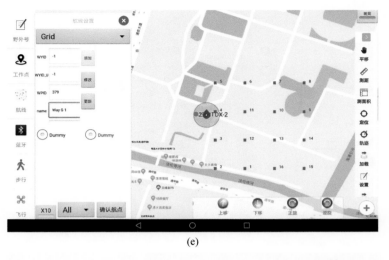

(e)

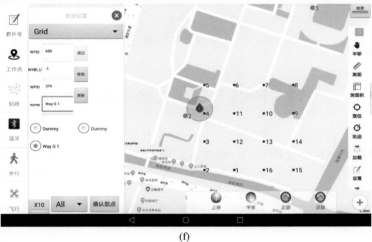

(f)

图 7-1　Grid 飞行模式的航线设置

（a）

（b）

图 7-2　Grid 飞行模式的航线设置

7.2　Belt 飞行模式的航线设置

在航线设置菜单栏中选择 Belt，操作方式同 Grid，共 16 个航点（图 7-3）。

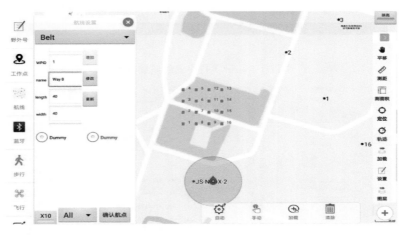

图 7-3　Belt 飞行模式的航线设置

7.3 Quadrat 飞行模式的航线设置

Quadrat 飞行模式主要是为了获取植物群落的地上生物量信息，在航线设置菜单栏中选择 Quadrat，操作方式同 Grid，共 5 个航点（图 7-4）。

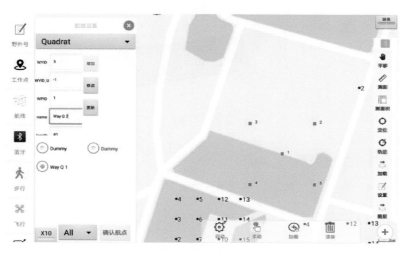

图 7-4 Quadrat 飞行模式的航线设置

7.4 Mosaic 飞行模式的航线设置

如果要获取某一范围的多张无人机航拍照片，并进一步拼接成具有完备地理信息的影像，可利用 FragMAP 系统的 Mosaic 飞行模式。Mosaic 航线设置有两种方式，一种是自动设置，另一种是手动设置。自动方式设置航线的方法为：在航线设置菜单栏中选择 Mosaic，在其下方的对话框内设置好 length 和 width 后，点击下方菜单栏的"自动"，点击地图区域，出现图 7-5 所示航点，根据航拍需要，点击最右侧菜单栏中的"设置"，调整相关参数，通过下方工具栏左移、右移微调航点，点击左下角的"确认航点"后在对话框点击"确认"即可。手动方式设置航线的方法为：在航线设置菜单栏中找到 Mosaic 飞行方式，点击下方菜单栏中的"手动"，在地图界面点击四个点确定航拍边界（目前 Mosaic 手动设置只支持四个角设置方式），显示所选航拍区域，点击下方菜单中的预览，可看到共有航点数（图 7-6），根据航拍需要点击最右侧菜单栏中的"设置",调整相关参数,达到设置要求后点击左下角的"确认航点",然后在对话框点击"确认"即可。

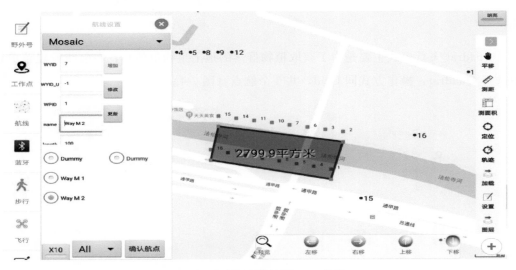

图 7-5　手动方式设置 Mosaic 航线

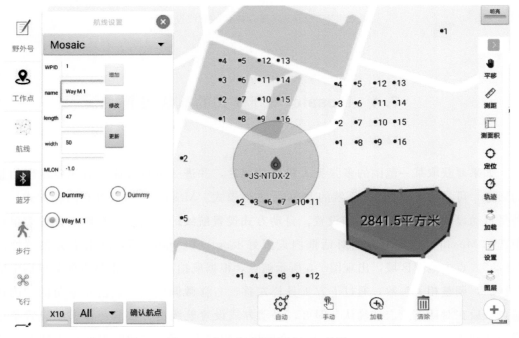

图 7-6　自动方式设置 Mosaic 航线

7.5　Irregular 飞行模式的航线设置

　　Irregular 飞行模式主要用于对江岸、河流的巡查。Irregular 航线设置只支持手动设置，在航线设置菜单中找到 Irregular 飞行模式，点击下方菜单中的手动，在地图栏中根据飞行需要点击加载航点，每点击一次即添加一个航点，点击预览，即可看到预设的航点，微调，确认航点并添加（图 7-7）。

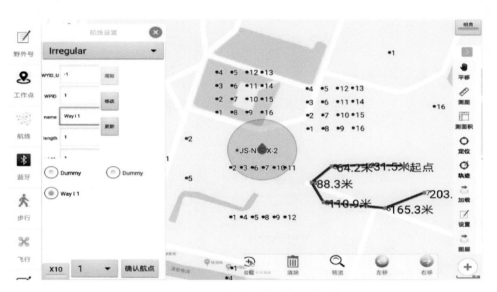

图 7-7　Irregular 飞行模式的航线设置

7.6　Single 和 Hand 飞行模式的航线设置

　　Single 模式只设置一个航点（图 7-8），到航点处停留后从不同角度拍摄 5 张照片，主要用于特定位置的标识和辨认。Hand 模式也只设置一个航点（图 7-9），主要是用于手动控制无人机沿某物体（如围栏或管道）的边界飞行，并记录轨迹。

图 7-8 Single 飞行模式的航线设置

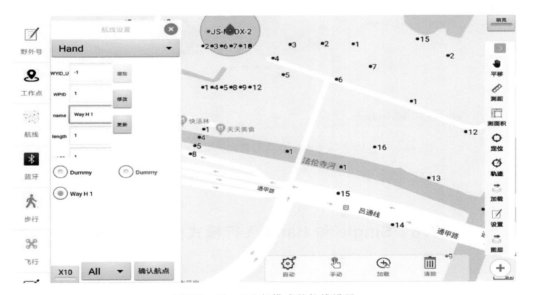

图 7-9 Hand 飞行模式的航线设置

7.7　Panaroma 飞行模式的航线设置

Panaroma 模式功能是进行 360°的全景展示，关于 Panaroma 飞行模式的设置，其操作界面如图 7-10 所示。在设置好的工作点选择航线按钮，在左上角航线设置下拉菜单选择 Panaroma，然后选择右下角自动按钮将航点添加到合适的位置，如果自动添加的航点位置与预期的位置不符，可以通过向右滑动选择左移、右移、上移、下移、正旋和逆旋等功能进行微调，直至位置合适。点击确认航点按钮，在 WYID 属性栏后面添加名称，其中 Way P 部分字段为系统默认，表示使用 Panaroma 格式飞行，然后点击增加按钮，在左边 Dummy 栏下返回，会出现 Way P，此时航线的设置工作就完成了。关于飞行高度和速度等设置和其他飞行模式相同。选择飞行按钮，无人机会执行 Panaroma 飞行命令。

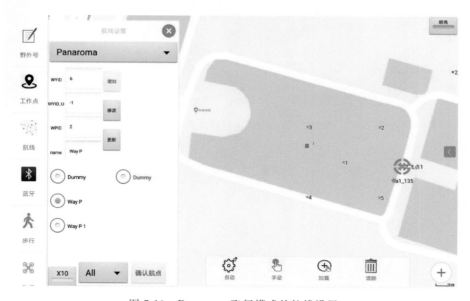

图 7-10　Panaroma 飞行模式的航线设置

7.8　Vertical 飞行模式的航线设置

Vertical 模式的主要功能是进行不同飞行高度的尺度效应研究，该模式在 3～100

61

米高度范围内共设有 12 个飞行高度。首先在 FragMAP Setter 界面设置工作点或者定位到已有工作点，工作点设置完成后点击航线按钮转到航线设置界面，如图 7-11 所示，选择 Vertical 航线，自动模式下用手指轻触屏幕选择合适位置添加航点，界面下方提供了平移、旋转等按钮用以移动航点，之后点击确认航点按钮，在 name 属性栏后面添加名称，其中 Way V 部分字段为系统默认，表示使用 Vertical 模式飞行，点击右侧增加按钮后添加一个航线，之后通过点击设置按钮可进行飞行参数设置。

图 7-11　Vertical 飞行模式的航线设置

第8章　FragMAP Flighter 操作

FragMAP Flighter 分为两种模式，即公民科学家模式和科学家模式，二者的区别在于公民科学家模式不能自主设置飞行航线，只能调取已经设置好的航线开展航拍工作。

8.1　App 获取及安装

通过与 FragMAP 系统管理者联系等方式获取 FragMAP Flighter App 后直接点击安装（图 8-1a），安装后如图 8-1b 显示即可开始使用。公民科学家和科学家模式均使用该 App。

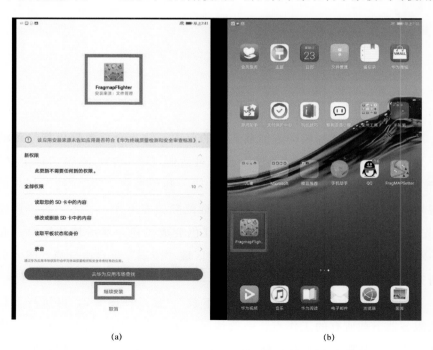

(a)　　　　　　　　　　　　　(b)

图 8-1　FragMAP Flighter App 软件安装及安装成功界面

8.2 公民科学家模式

在平板电脑（如华为 MatePad）或者手机等载体上，直接打开 FragMAP Flighter App 时即为公民科学家模式（图 8-1b，图 8-2），具体操作介绍如下。

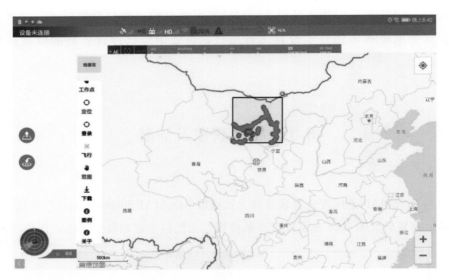

图 8-2　Flighter APP 公民科学家界面

8.2.1 主要功能键

（1）范围。根据研究区域确定加载数据的范围，防止全部数据更新导致的数据加载过慢。具体操作方法是点击"范围"弹出对话框（图 8-3），点击"自定义"命名，之后点击"建立"即可完成设置（图 8-4 和 8-5）。利用带有"起""终"标志的矩形区域预先规划航拍区域（"起"的位置处于所选范围的左下角，"终"的位置处于右上角）。即先点击左侧的"范围"按钮使其由红色变成黑色，然后按住矩形"起"或者"终"1～2 秒，待按钮浮起后进行拖动，划定区域"范围"可自由选择（图 8-6）。再次点击"研究区"即可获取相应区域。

（2）下载。在范围确定好之后，点击"下载"，显示如图 8-7，可执行下载所有工作点（从服务器下载所有的工作点，一般情况下第一次使用系统时进行，速度较慢）、下载最新工作点（从服务器下载最新的工作点，一般数量比较少，速度快）、下载他人飞行（从服务器下载其他平板的飞行信息）、批量下载航线（下载当前选择范围内的所有工作点的所有航线)、批量下载航点（下载当前选择范围内的所有航线下的航点）、离线下载地图（模拟人手滑动的动作，定位到选择范围内的每一个工作点，会将每个工作点周围的地图缓存，避免下载大范围高精度的地图造成的时间和内存的浪费）、下载参考点（用于从服务器下载一些参考点，用于 Setter 的航线设置）。以上操作可视情况提前下载，尤其是准备在无人区等无信号区域开展工作时，应在出发前完成相关信息下载。

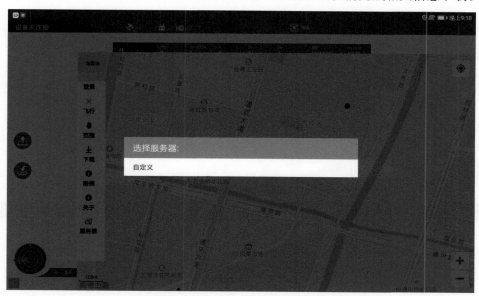

图 8-3　点击"范围"显示界面

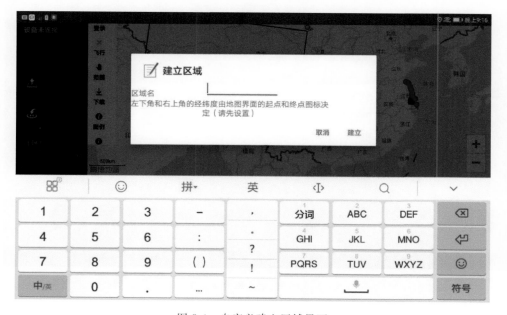

图 8-4　自定义建立区域界面

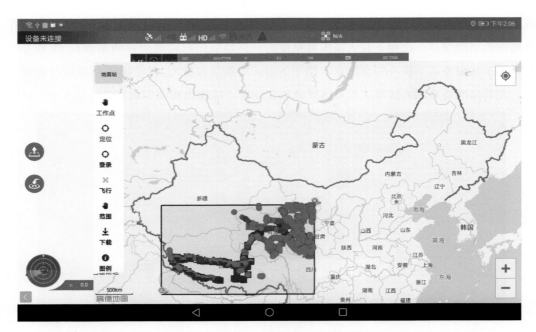

图 8-5　选定拟开展调查工作的区域

图 8-6　自定义研究区显示

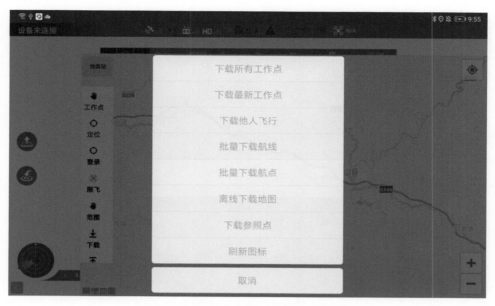

图 8-7　下载界面

（3）工作点。选择计划航拍的工作点点击"确认"（图 8-8），再次点击"工作点"，可选择此工作点的航线，目前主要显示 Grid 和 Rectangle 航线名字（图 8-9）。选择后，获取的航线如图 8-10 所示。

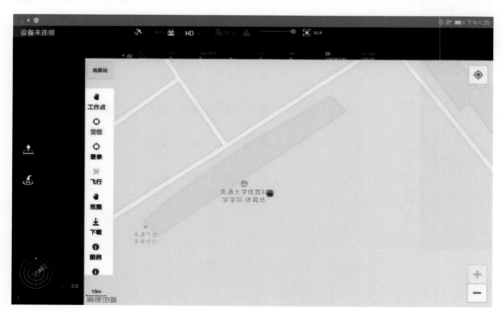

图 8-8　工作点界面

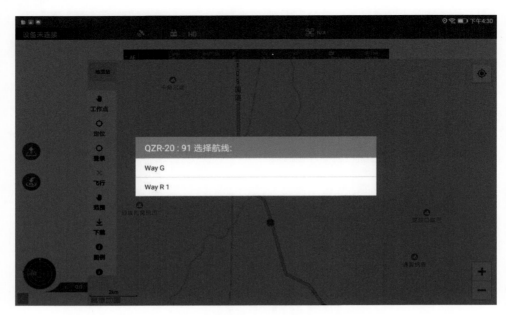

图 8-9 工作点工具内选择计划飞行的航线

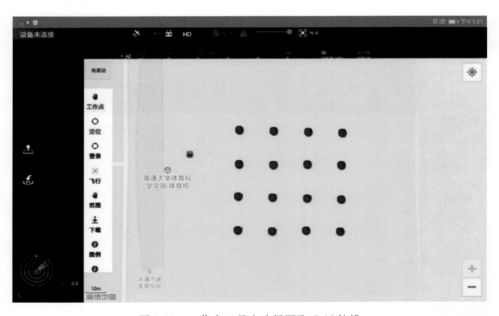

图 8-10 工作点工具内选择调取 Grid 航线

（4）定位。用于显示当前所在位置，点击定位键后在屏幕显示红色点（图 8-11）。同时，地图会自动切换到当前位置处。可据此判断航拍者与工作点的相对距离，以便确定无人机适宜起飞的地点。

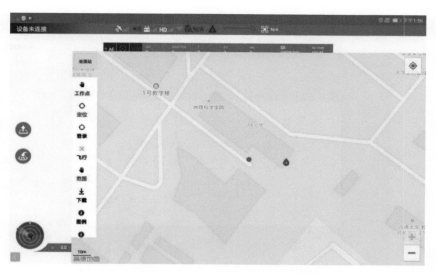

图 8-11　定位显示当前位置与目标位置的相对距离

（5）登录。点击后显示如图 8-12 所示。

图 8-12　登录功能键显示信息

Fragmap 用户登录：用户登录需要录入用户名和密码（图 8-13），新使用者可以自行注册。考虑到野外信号问题，一年内只需要登录一次，如 2019 年登录后，只要没有进行过退出操作，整个 2019 年都不需要再登录。

Fragmap 用户退出：当不同使用者使用同一台设备同一个 App 时，需要退出当前使用者的户名（图 8-14），再通过自己的用户名和密码进行登录；无论哪个用户，退出后都需要再登录，即使同一年份已经登录过。

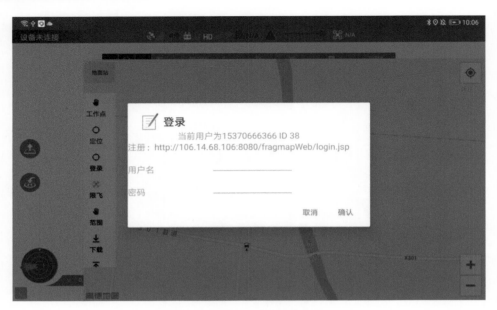

图 8-13　用户登录功能键显示信息

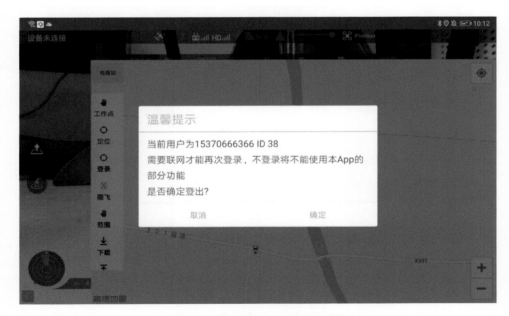

图 8-14　用户退出功能键显示信息

　　成功登录后会出现用户名（手机号）。如果最下面两行英文不是"ACTIVATED"，则需要登录 DJI 账号（图 8-15）；如果不是"BOUND"，则需要登录 DJI GO App 进行无人机绑定（一般刚购买的新机需要）。

图 8-15   无人机登录功能键显示信息

（6）关于。点击后显示如图 8-16 所示，主要介绍了无人机路径规划系统（Frag-MAP for citizen scientists V1.0）、南通大学地理科学学院脆弱生态环境研究所、南通陆海大数据科技有限公司以及脆弱生态研究所的门户网站 http：//ifree. ntu. edu. cn 的基本情况和链接。同时，提供了 App 载体的机器码（图 8-16），其中 009d-1457-d30d 要作为该 App 航拍工作基础分类依据（独立文件夹），用于进行后续航拍数据的整理、备份和保管。

图 8-16   关于显示信息

（7）图例。主要针对各个工作点已经开展航拍工作情况进行说明，详细说明如图 8-17 所示，航拍者根据当前航拍情况决定是否有必要开展航拍工作。

图 8-17　图例显示工作点航拍工作开展情况

（8）上传。主要作用是查看飞行信息，并将航拍信息和照片上传至服务器端。点击该功能键的初始界面如图 8-18a 所示，上传临时工作点，临时航线，临时工作点和飞行信息，如果成功上传后，会出现（X）后缀。点击"上传飞行"，界面如图 8-18b 所示，该功能一方面可以查看有效飞行是否已经上传，如果尚未上传，可点击上传键进行上传；另一方面，在后续航拍照片的整理时，可以此处的航拍时间和对应的航线信息进行整理照片，保证航拍照片整理的准确性。

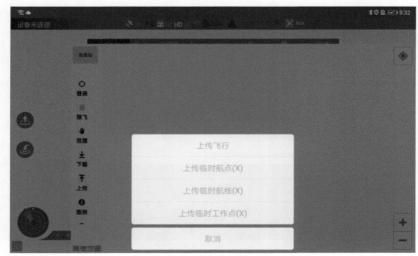

（a）

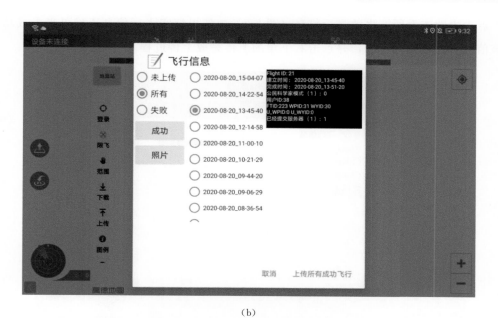

(b)

图 8-18　上传显示无人机飞行信息的初始界面（a）及上传飞行界面（b）

在图 8-18b 界面，选择一个飞行信息，点击"照片"，会出现该飞行获取的航拍照片信息列表（前提是信息已经从无人机下载到了平板电脑里），如图 8-19 所示。如果没有上传，可以选择上传单个或者上传全部照片到服务器。

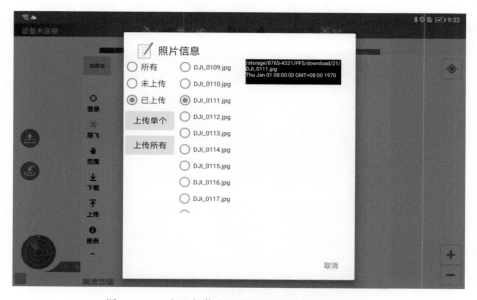

图 8-19　一个飞行信息里的航拍照片信息列表界面

点击失败查看所有失败飞行信息（图 8-20），如果核实飞行信息正确可点击成功键将该信息转存在未上传中，并点击右下角的上传完成上传过程。

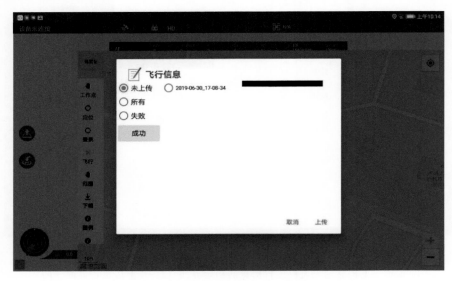

图 8-20　飞行显示无人机失败飞行信息界面

（9）服务器。主要作用是向使用者提供接收航拍信息的备用服务器，确保默认服务器出现问题时能够通过备用服务器保障航拍信息的传输和保存。点击该功能键的初始界面如图 8-21 所示。点击自定义弹出对话框（图 8-22），输入服务器地址后，点击创建即可完成设置。

图 8-21　服务器初始界面

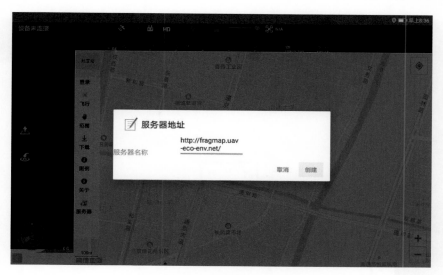

图 8-22　自定义服务器地址界面

再次点击服务器键显示如图 8-23 所示，点击相应服务器即可向该服务器传输航拍信息。

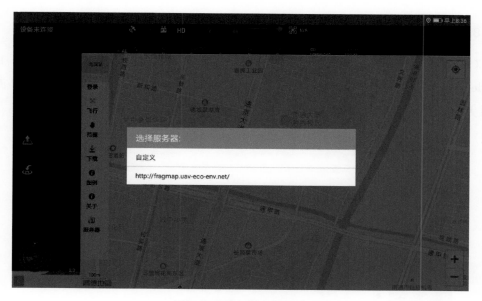

图 8-23　服务器选择界面

（10）测试。主要作用是帮助公民科学家对无人机和航拍环境等进行测试。具体方法是航拍者走到准备开展调查的区域，点击定位键并在屏幕显示定位信息后，点击测试，显示如图 8-24 所示，即测试航线设置成功，可直接进行试飞。此时，必须先打开定位，然后生成以当前位置为中心的 9 个航点。

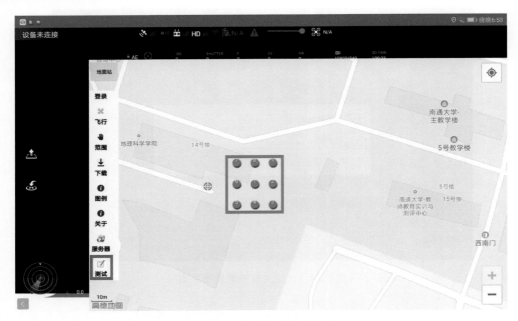

图 8-24　点击测试显示界面

8.2.2　无人机飞行控制

（1）在工作点工具下设置航线后（目前，在公民科学家模式下只能选择 Rectangle 和 Grid 两种飞行模式），通过调整右上角绿色工作条调整控制和图传界面的相对大小（图 8-25）。

图 8-25　FragMAP 系统飞行控制界面

点击左上角的地面站，界面可自行调整控制界面和实时图像为适合大小（图 8-26）。如果点击地面站后未显示飞行设置等功能键，点击界面左下角矩形区域的箭头即可显示（图 8-27）。

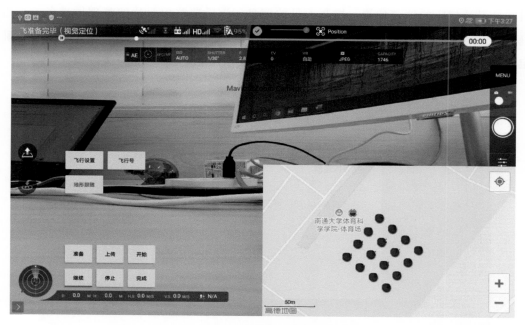

图 8-26　控制无人机飞行操作界面

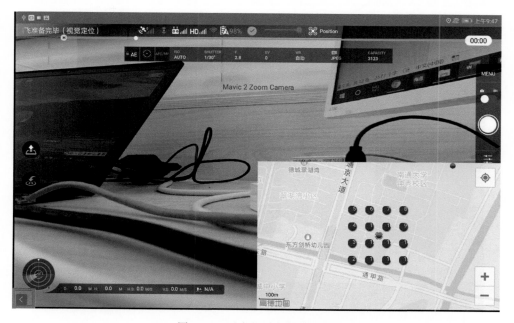

图 8-27　无人机飞行操控界面

（2）控制无人机飞行操作界面。点击"飞行设置"（图 8-28），公民科学家飞行模式下默认飞行高度为 20 米，以便进行同一标准下多期航拍照片的比较；点击"飞行号"（图 8-29），再点击"添加飞行号"即可设置成当前飞行的飞行号，该飞行号对应唯一的生成时间且记录相应的地理位置、控制人员的信息，为后期航拍照片的整理做准备，点击"确认"即可完成设置。此外，地形跟随功能只能在低空航拍时使用（视无人机型号确定），例如 2 米高度进行 Belt 航拍时可采用。目前，公民科学家模式下无须设置。

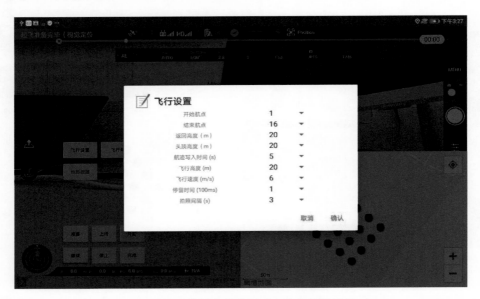

图 8-28　公民科学家模式下无人机飞行设置界面

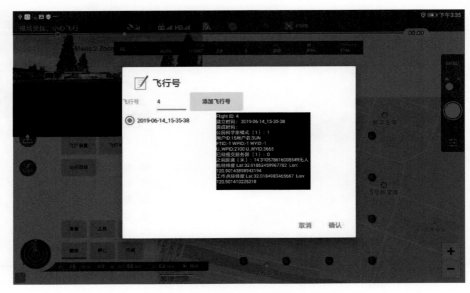

图 8-29　无人机飞行控制下飞行号的设置界面

（3）飞行操作。无人机飞行时首先点击"准备"键，在弹出对话框中检查该航线的飞行高度、飞行速度、拍照模式、航点停留、头顶高度、返航高度以及航点信息准确无误后，点击确认（图 8-30），然后点击"上传"将准备飞行的航线上传。在提示航线上传完成后点击"开始"完成起飞设置。在无人机航拍飞行过程中，如遇特殊情况可点击"暂停"按钮进行暂停处理，可通过"继续"按钮继续开展航拍工作（图 8-31）。如果无人机已经到达一个航点开始执行任务，那么"停止"操作不影响该航点的航拍工作。

图 8-30　准备键提示信息

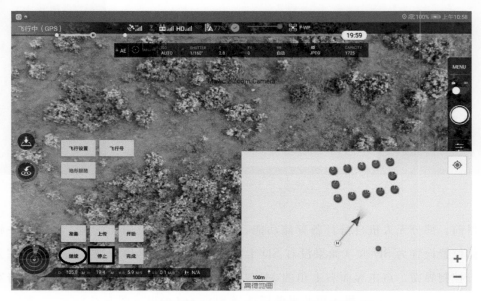

图 8-31　无人机飞行镜头可视区域及航拍点的实时跟踪

（4）航拍工作完成后，点击"停止"键（这一步必不可少，在间隔拍照的情况下，点击"停止"后才会停止拍照，否则会一直拍照；有部分情况下点击"停止"会出现错误提醒，这是因为无人机已经完成了指定任务；同时点"停止"以后会在数据库中添加飞行完成时间）。①点击"一键返航"按钮（图8-31，红色矩形处）使无人机自动降落到起飞点（如果最后悬停地点与起飞点水平距离小于20米，无人机自动选择原地降落）；②点击"原地降落"使无人机在最后悬停地点降落（图8-31，红色圆形处）；③手动将无人机回收。操控者可根据操控难易、人机安全等决定采用何种方式降落无人机。最后点击"完成"，可以预览照片，也可以从无人机下载单张或者全部照片到平板电脑，为提高效率，也可以在回收无人机的过程中进行操作。如果航拍照片质量满足要求，点击"成功"即可完成航拍信息的上传；如果照片质量不合格可点击"失败"（图8-32，注意必须要点击一个）并调整后进行重新航拍。例如，照片的白平衡调节是在飞行控制界面点击右上角的MENU按钮，在白平衡对话框下进行适宜的选择后再进行航拍工作（图8-33）。

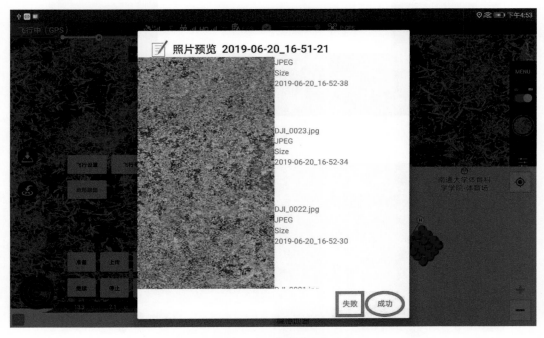

图8-32　完成界面

目前，部分无人机自身具备存储功能，为了实现统一应用和管理，要求统一将照片存储位置设置为SD卡（如果没有SD卡将没法预览）。具体设置方法如下：在无人机飞行控制界面，点击界面右上角的MENU按钮（图8-34，椭圆形区域），点击对话框中的Storage Location进入更改界面后选择SD Card即可（图8-35）。

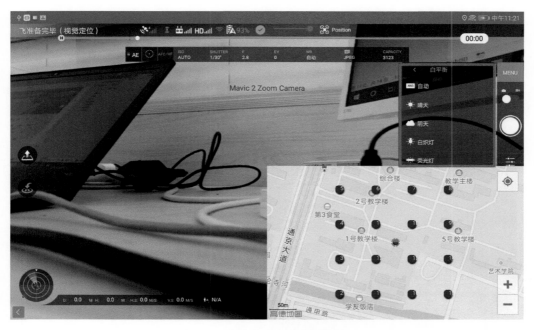

图 8-33　航拍照片白平衡调节界面

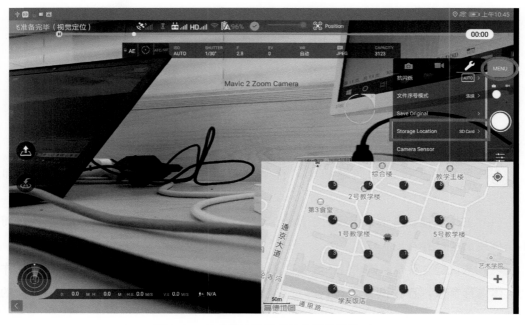

图 8-34　航拍照片默认存储位置设置界面

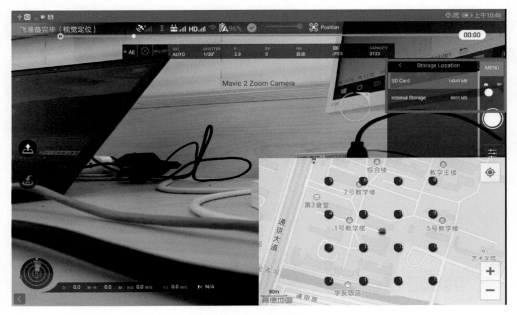

图 8-35　航拍照片默认存储位置设置为 SD 卡

8.3　科学家模式

从 FragMAP Setter 进入 FragMAP Flighter 时，该 App 状态为科学家模式。

8.3.1　主要功能键

与公民科学家模式功能键相比，科学家模式无工作点和测试键（图 8-36 和图 8-37）。

（1）工作点键。科学家模式的工作点、航线、航点来自 FragMAP Setter 设置，而不是调用之前已存在的。

（2）测试键。科学家模式航拍者通过 FragMAP Setter 明确知道自己拟开展航拍工作的具体飞行参数，且在设置工作点等过程已熟悉航拍环境，故不必进行正式飞行前的测试。

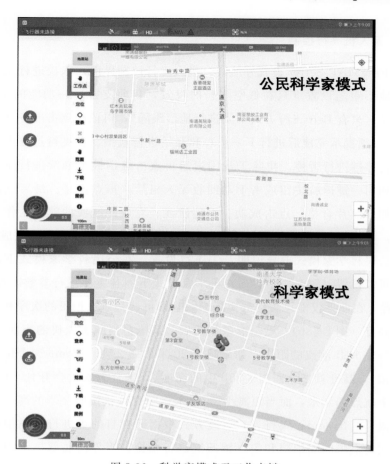

图 8-36　科学家模式无工作点键

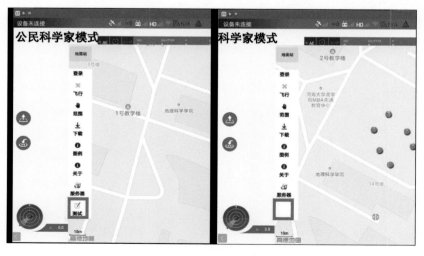

图 8-37　科学家模式无测试键

8.3.2　无人机飞行控制

（1）在 FragMAP Setter 设置好航线，进入飞行控制界面，依次进行飞行设置、飞行号设置、地形跟随设置（只在低空飞行时设置，目前支持这一功能的主要是"御"系列部分产品，只有 Belt 飞行方式下须进行地形跟随）；再依次点击准备（须核对飞行信息）、上传（须提示完成后进行下一步）和开始进行航拍。在飞行过程中，如遇特殊情况可点击暂停键进行暂停，排除干扰因素后再点击继续键可继续进行航拍工作。航线完成后，利用一键返航按钮或者手动回收无人机后，再点停止。最后点击完成查看照片质量。如果照片合格、点击成功、上传航线、完成此航线的航拍工作，如果照片质量不合格，可对无人机做出调整后进行再次航拍工作，直至照片合格完成拍摄。

（2）与公民科学家模式差异说明：①飞行设置，在公民科学家模式下，各个相应的飞行参数可以设置（图 8-38a），而在科学家模式下因各主要飞行参数需在 FragMAP Setter 中设置，在此处仅能设置部分飞行参数，即可调整航点拍摄的次序和数量及返回高度和头顶高度（图 8-38b）。点击准备按钮后，系统会判断无人机的当前位置（home 位置）和第一个 Belt 航点的距离，如果超过 20 米，那么会在 home 这个位置再添加一个航点（头顶），高度就是上面图 8-38b 中的高度 20 米。无人机会升到 20 米，再慢慢下降到第一个航点的 2 米，而当距离小于 20 米，则直接就按照 2 米的高度飞到第一个航点进行拍摄。②Irregular 飞行方式，该方式根据研究目的可进行间隔拍照和定点拍照。设置方式是点击间隔拍照和定点拍照键进行切换，当界面底部显示相应的拍照方式后即设置成功（图 8-39）。需要注意，在科学家模式下的 FragMAP Flighter 的飞行高度，由 FragMAP Setter 所进行的设置决定，在 FragMAP Flighter 下修改无效。

(a)

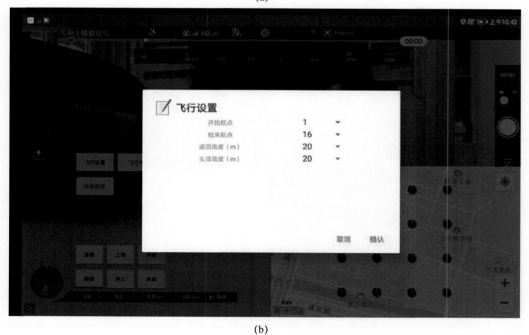

(b)

图 8-38　公民科学家模式（a）与科学家模式（b）飞行设置界面

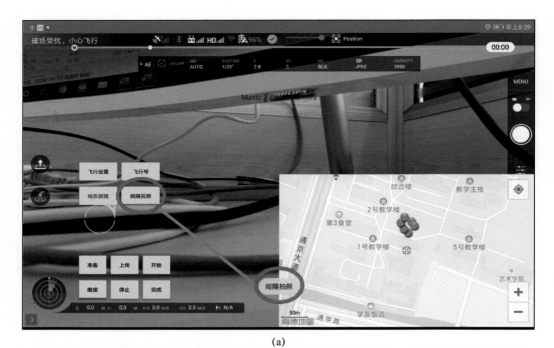

(a)

(b)

图 8-39　Irregular 飞行方式定点和间隔拍照方式切换

第9章　观测规范

9.1　不同分辨率遥感影像对应的航拍高度设置规范

为了使无人机航拍照片能与遥感影像以及不同型号无人机之间的航拍照片相匹配，需要确定不同型号无人机在不同高度下航拍照片所覆盖的地面范围以及分辨率。这与无人机的云台相机像素和视场角（field of view，FOV）有关，像素越高，相同高度下成像的质量越好，分辨率也就越高。视场角是指以光学仪器的镜头为顶点，以被测目标的物像可进入镜头的最大范围的两条边缘构成的夹角，它决定了光学仪器的视野范围，相同高度下视场角越大，照片所覆盖的地面范围也就越大（图 9-1）。

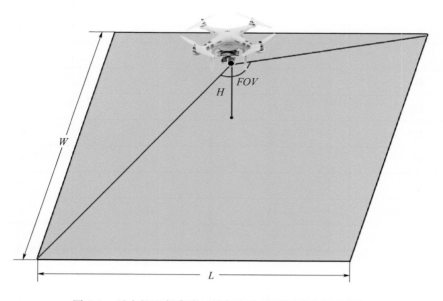

图 9-1　无人机飞行高度、视场角和地面覆盖范围示意图

根据无人机的视场角 FOV 和飞行高度 H，我们可以推算照片所覆盖的地面范围长 L 和宽 W 分别为：

$$L = \frac{6}{\sqrt{13}} H \tan \frac{FOV}{2}$$

$$W = \frac{4}{\sqrt{13}} H \tan \frac{FOV}{2}$$

单个像元的分辨率为覆盖地面范围总面积/照片总像元数。

根据以上公式计算出不同型号的无人机在不同分辨率下覆盖地面范围的长宽和分辨率，如表 9-1、表 9-2 所示。

表 9-1 精灵 3/御 1/御 2 变焦版/多光谱相机不同飞行高度相片覆盖范围和分辨率

高度（米）	长度（米）	宽度（米）	分辨率（厘米）
1	1.72	1.29	0.04
2	3.43	2.57	0.09
3	5.15	3.86	0.13
4	6.86	5.15	0.17
5	8.58	6.43	0.21
6	10.29	7.72	0.26
7	12.01	9.01	0.30
8	13.73	10.29	0.34
9	15.44	11.58	0.39
10	17.16	12.87	0.43
11	18.87	14.16	0.47
12	20.59	15.44	0.51
13	22.31	16.73	0.56
14	24.02	18.02	0.60
15	25.74	19.30	0.64
16	27.45	20.59	0.69
17	29.17	21.88	0.73
18	30.88	23.16	0.77
19	32.60	24.45	0.82

续表

高度（米）	长度（米）	宽度（米）	分辨率（厘米）
20	34.32	25.74	0.86
30	51.47	38.61	1.29
40	68.63	51.47	1.72
50	85.79	64.34	2.14
60	102.95	77.21	2.57
70	120.11	90.08	3.00
80	137.26	102.95	3.43
90	154.42	115.82	3.86
100	171.58	128.68	4.29

表 9-2　精灵 4 相机不同飞行高度相片覆盖范围和分辨率

高度（米）	3:2 长宽比下		4:3 长宽比下		分辨率（厘米）
	长度（米）	宽度（米）	长度（米）	宽度（米）	
1	1.50	1.00	1.33	1.00	0.03
2	3.00	2.00	2.66	2.00	0.05
3	4.50	3.00	4.00	3.00	0.08
4	5.99	4.00	5.33	4.00	0.11
5	7.49	4.99	6.66	4.99	0.14
6	8.99	5.99	7.99	5.99	0.16
7	10.49	6.99	9.32	6.99	0.19
8	11.99	7.99	10.66	7.99	0.22
9	13.49	8.99	11.99	8.99	0.25
10	14.98	9.99	13.32	9.99	0.27
11	16.48	10.99	14.65	10.99	0.30
12	17.98	11.99	15.98	11.99	0.33
13	19.48	12.99	17.31	12.99	0.36
14	20.98	13.98	18.65	13.98	0.38
15	22.48	14.98	19.98	14.98	0.41

高度（米）	3：2长宽比下		4：3长宽比下		分辨率（厘米）
	长度（米）	宽度（米）	长度（米）	宽度（米）	
16	23.97	15.98	21.31	15.98	0.44
17	25.47	16.98	22.64	16.98	0.47
18	26.97	17.98	23.97	17.98	0.49
19	28.47	18.98	25.31	18.98	0.46
20	29.97	19.98	26.64	19.98	0.49
30	44.95	29.97	39.96	29.97	0.73
40	59.93	39.96	53.28	39.96	0.97
50	74.92	49.95	66.59	49.95	1.22
60	89.90	59.93	79.91	59.93	1.46
70	104.89	69.92	93.23	69.92	1.70
80	119.87	79.91	106.55	79.91	1.95
90	134.85	89.90	119.87	89.90	2.19
100	149.84	99.89	133.19	99.89	2.43

9.2 野外设置规范

由于无人机具有高空间分辨率和开展无损、快速调查的特点，近年来被广泛应用于样地尺度小型啮齿动物（高原鼠兔）空间分布、生物量、植被盖度、斑块和生物多样性的调查研究。大范围的野外调查在兼顾获取尽可能多观测指标的同时，要保证获取参数的空间分布和代表性，因此要做到广泛观测且重点突出。

不同生态脆弱区的气候、地貌、地形、生态系统类型以及人类活动干扰的方式不同，因此，在野外调查时要对反映该区生态系统的参数进行观测，包括植被盖度、生物量和物种组成等参数。为了保证在野外调查过程中正确获取这些参数，首先需要在研究区设置工作点（具体设置请参考第5章工作点设置规范），在设置工作点时应尽量选择平坦、周边无障碍物的区域。工作点设置完成后，依据研究目标和拟获取的参数分别设置不同的飞行航线。图 9-2 中深绿色原点表示 Grid 飞行航点，浅绿色原点表示 Belt 飞行航点，红色正方形表示土壤采样样方，蓝色正方形表示植被调查样方。

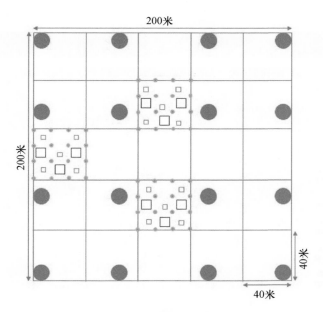

图 9-2 航线设置

9.2.1 高原鼠兔密度及其时空分布调查

高原鼠兔是青藏高原高寒草地的特有物种，高原鼠兔密度及其时空分布是青藏高原大范围野外调查的重点内容之一。在已设置的工作点添加 Grid 或 Rectangle 航线，Grid 航线飞行范围为 200 米×200 米，在 200 米×200 米的区域内均匀布设 16 个航点（图 9-3）；Rectangle 航线飞行范围为 200 米×100 米，在 200 米×100 米的区域内均匀布设 12 个航点（图 9-4）。设置航线时，在名称和范围等参数设定后，先在地图界面点击所要观测区域的大致位置，通过界面最下方菜单栏中上下左右及旋转功能对航线进行微调至将要飞行的区域。飞行高度为 20 米，飞行速度建议设置在 8 米/秒，在每个航点拍照，每张照片（26 米×35 米）和常用 30 米卫星像元匹配，也和地面设置生态样地的尺度匹配。

9.2.2 草地地上生物量观测规范

（1）样方框：统一使用 0.5 米×0.5 米。一个野外需至少准备 4 个样方框。为了后期能够在无人机照片上清晰显示，样方框建议选用白色，其中一个样方框用红色胶带对两条垂直的边进行包裹，形成如图 9-5 所示的样方框。

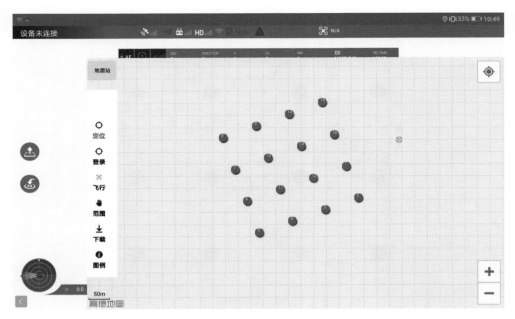

图 9-3　Grid 航线

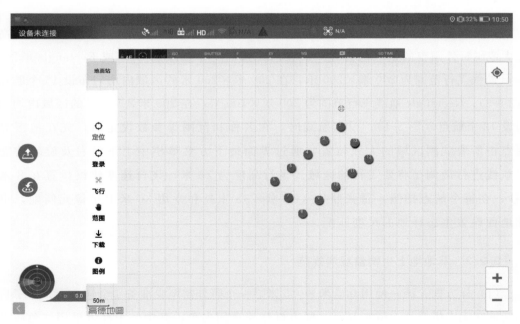

图 9-4　Rectangle 航线

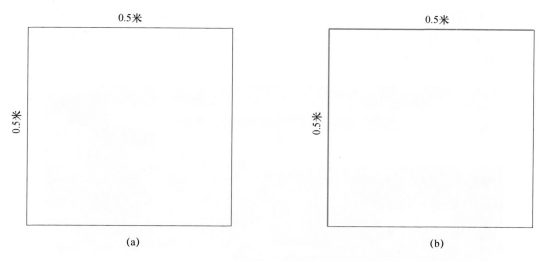

图 9-5　样方框示意图

（2）Belt 航线设置：为了更好地与已有历史航拍资料进行整合，建议统一使用 Belt 飞行模式。该模式在 FragMAP Setter App 中完成设置。飞行高度设置 2 米，飞行速度设为 1 米/秒，停留时间设为 3～5 秒。为了便于操作，确保 1-8-9-16 号点的航线旋转至离人近的一侧，与其平行的 4-5-12-13 号点航线为人正面朝向的方向。如图 9-6 所示，黄色点代表人所在的位置，1-8-9-16 号航线为近人端，人正面朝向 4-5-12-13 航点。

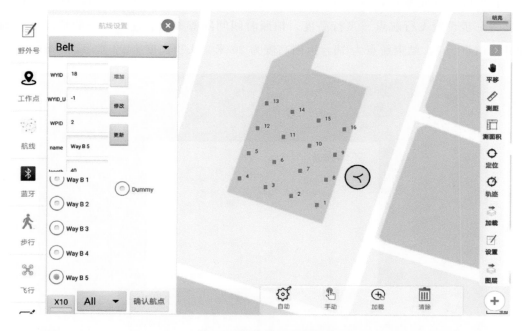

图 9-6　航线设置示意图

（3）设置白平衡：在连接无人机后，如图 9-7 所示，点击右侧的 MENU，在弹出的菜单栏中，依据当时的天气情况进行设置，建议不要使用自动。如，晴天，则选择晴天，阴天则选择阴天。

图 9-7　白平衡设置

在航线设置完毕后，点击飞行按钮，进入 FragMAP Flighter 界面，点击飞行设置，进一步设置飞行航点、飞行高度、拍照时间间隔等参数。注意：一般情况下，确保开始航点为 1，结束航点为 16，返回高度为 20 米，头顶高度为 20 米（图 9-8）。

图 9-8　飞行设置界面

确认无误后，添加飞行号。然后依次点击准备、上传及开始按钮，使无人机开始执行任务（图 9-9）。

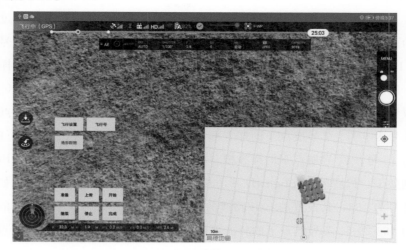

图 9-9　飞前监控画面

在起飞前建议选择 AUTO 拍照模式，将镜头调整至与地面平行位置，并将焦距从 24 毫米变焦至 48 毫米（遥控器右轮最右端），然后手动把对焦点放在图传可以看到最远处的物体（如图 9-10 红色矩形框所示），待图传内物体清晰后表明已合焦，此时可以起飞进行航拍。

（4）样方框对应的航点：在一个 Belt 下面，放 4 个 0.5 米×0.5 米的样方框。放置的位置分别在 6 号、7 号、10 号及 11 号航点下方。其余航点不要放置，以便于后期 20 米高度，手动对 4 个样方框拍照。

图 9-10　起飞前对焦点选择

（5）样方框放置规定：如图 9-11 所示，其中黄色大圈代表人所站立的位置。1-8-9-16 号航线为近人端，4-5-12-13 号航线为远人端，且是人正面朝向的一侧。16 号航点在人的右侧。首先，在 6 号航点放置做过标记的特殊样方框，且确保两条做过特殊标记的相垂直的两条边的交点位置在左上方。做过特殊标记的边，一条指向 7 号航点，另一条指向 11 号航点。这两条边和焦点，将作为后期从 20 米高照片中识别样方框的标记样方框，所以请务必注意。然后按照无人机飞行的顺序，依次在 7 号、10 号、11 号航点下方放置剩余普通样方框。之后对样方框命名，规则如下：如 6 号航点下的样方框，将其编号为 6 号；7 号航点下的样方框，将其编号为 7 号；10 号航点下的样方框，将其编号为 10 号；11 号航点下的样方框，将其编号为 11 号。最后对每个 Belt 样品袋命名，规则如下：以野外号-FlightID-样方框编号的命名规则进行命名。例如，飞 Belt 的平板野外号为 163，其设置的 Belt 路线的 Flight ID 为 29，则 6 号航点下的样方框的布袋标记为 163-29-6，7 号航点下的样方框的布袋标记为 163-29-7，10 号航点下的样方框的布袋标记为 163-29-10，11 号航点下的样方框的布袋标记为 163-29-11。

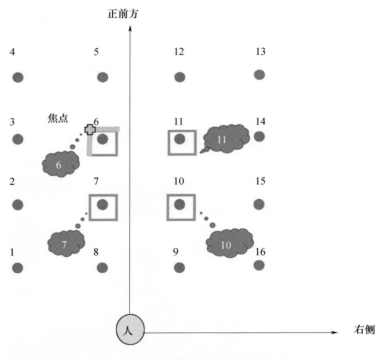

图 9-11　样方框设置示意图

（6）20 米手动拍照：手动将无人机升高至 20 米，垂直向下拍摄，调整无人机位置，覆盖 4 个样方框（图 9-12），尽量确保 4 个样方框均在照片中间，避免边缘位置。拍摄 20 米高的照片之前，请向左调节遥控器右侧的滚轮，取消变焦，恢复至正常（调整遥控器右轮至最左端），点击屏幕中心，重新聚焦，然后点击拍摄按钮，完成拍摄。

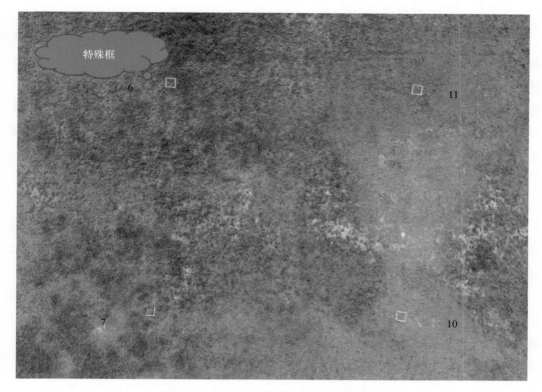

图 9-12　高度为 20 米手动拍摄照片示意图

（7）照片的整理与备份：参考野外观测规范，将照片按照飞行号，将相应的照片拷贝到对应的文件夹下。一个文件夹里应该有 16 张 2 米高拍的照片（其中 4 张有样方框），再加 1～3 张 20 米高包含 4 个样方框的手动拍摄的照片。

（8）生物量的烘干：将取回的生物量样品，按照编号，放置于烤箱内，在 65 ℃ 的温度下，烘干至恒重。为避免在取样过程中草本因潮湿发生霉变，在采样途中，要将样品袋放置太阳底下曝晒。

（9）特殊情况处理：如因地形、围栏等因素，无法在 6、7、10、11 航点下放置样方框，则可放弃在该 Belt 航线下放置样方框，等沿途遇到其他合适的再放置。

9.2.3　植被盖度

植被盖度的无人机调查，主要采用 Grid 航线模式进行。Grid 飞行范围建议设置为 200 米×200 米。为与后期卫星影像资料相对应，飞行高度建议设置为 20 米，飞行速度可设置为 8 米/秒。

9.2.4 不同下垫面斑块调查

斑块是依赖于尺度的并与周围环境在性质上或外观上不同的空间实体，不同斑块在形状、面积和数量上的差异显著影响物质、能量、水分和养分在系统中的分布，导致不同斑块群落结构和物种组成显著不同。因此，斑块是不同生态脆弱区野外调查中监测的重要参数之一。Grid 航线是调查斑块的理想航线，其航线设置与高原鼠兔密度及其时空分布调查相同。但是需要注意的是，调查斑块的航线设置尽可能覆盖下垫面不同大小的裸地斑块、连续植被斑块和孤立植被斑块。

9.2.5 物种组成和生物多样性调查

生物多样性是维持陆地生态系统多功能性和稳定性的关键要素，植物群落物种组成和生物多样性调查是不同生态脆弱区大范围野外考察的重要工作。植物群落物种组成和生物多样性的监测采用 Belt 飞行模式。

到达新地点后，设置新工作点、航线或者调用已有的工作点、添加新航线。在每个 200 米 × 200 米 Grid 航线内，利用 FragMAP 规划软件添加 3 条 Belt 飞行航线，对植物多样性进行长期定点监测，即在 2 米的飞行高度下，在 40 米 × 40 米的范围内均匀分布 16 个航点。为了保证野外无人机飞行的安全性，飞行速度建议设置在 4 米/秒，这个速度下，人可以跟随无人机飞行路线，一旦出现问题可以立即切换至手动模式进行操作。无人机在每个航点上垂直向下拍摄一张照片（图 9-13）。同期，在无人机 Belt 飞行样地内与航拍点匹配位置放置 4 个（即 Belt 航线的 6、7、10 和 11 号航点）0.5 米 × 0.5 米的样方框，实地调查样方框内植物群落物种组成、物种数和频度等信息。以无人机按照 Belt 飞行模式拍摄的照片中植物出现的频率为基础，计算获取监测点各物种多样性指数，由该方法所获取的多样性指数与地面样方实测的多样性指数进行线性或非线性回归分析，选出最优的模型，用于无人机对草地物种多样性的长期定点监测。植物多样性指数包括物种丰富度指数（S）、Simpson 多样性指数（D）、Shannon-Wiener 多样性指数（H）和物种均匀度 Pielou 指数（E）。在每次自动飞行完成后，手动将无人机降至 0.5 米，手动操作随机拍摄 3～5 张样方尺度照片，目视识别植物物种组成，以验证无人机在 2 米飞行高度调查物种组成的精度。

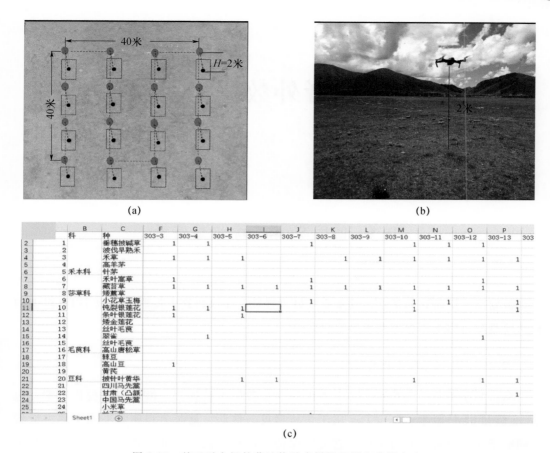

(a)

(b)

(c)

图 9-13　基于无人机的草地物种多样性监测和分析方法

第 10 章　野外数据汇总规范

10.1　使用 SyncToy 增量备份

数据是一切研究的基础，其重要性毋庸置疑。建议研究人员购买一块 1 TB 以上的移动硬盘专门用于管理野外采集的数据。

10.1.1　SyncToy 工具介绍

SyncToy 是一款免费的、易于使用的同步备份工具软件。微软官网提供下载，包括 32 位和 64 位版本。SyncToy 用于快速拷贝、移动、重命名和删除不同文件夹或者不同电子存储设备之间的文件。它可以保持文件在不同磁盘和文件夹中同步，并且可以随意处理，甚至可以输入 UNC 以处理网络驱动器上的文件和任何设备上的信息。该软件发布于 2005 年，最初设计用来在照相机、计算机和外部驱动器之间同步数字照片，几乎适用于所有类型的文件。高度的自定义功能可以帮助用户从繁重的拷贝、移动及同步不同目录的工作中解脱出来，仅仅单击几次鼠标就能完成更多的操作。但不会增加复杂度。安装完成后界面如图 10-1 所示。

10.1.2　SyncToy 增量备份的操作

SyncToy 基于 Net Framework 运行，安装 Microsoft . Net Framework 后才可以运行 SyncToy 的安装文件，不需要特别设置，使用默认设置安装即可。

完成无人机监测后，在硬盘的根目录下创建 PFS 文件夹（用于备份保存平板 SD 卡中 PFS 下面的资料）。在 PFS 文件夹下创建 Fieldtrip 和 Project 两个文件夹。其中 Fieldtrip 用于备份野外采集到的数据（比如航拍照片、数据库和每天的其他记录），每天至少 1 次，使用 SyncToy 增量备份。Project 用于提取照片进行分析，其中 FVC 只选航点的照片，Mosaic 需要选取全部。

图 10-1　完成安装后的 SyncToy 操作界面

　　安装完成 SyncToy 后，开始进行同步资料夹设置。点击主界面下方的 Create New Folder Pair 按钮创建一对新的操作目录，程序弹出如图 10-2 所示的界面。

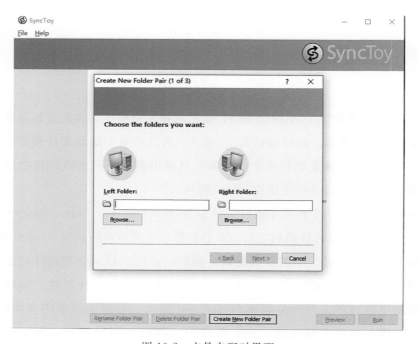

图 10-2　文件夹配对界面

点击 Left Folder 下的 Browse 按钮，选择左目录的路径，右目录方法类似。建议将电脑上处理好的文件设置到左目录，移动硬盘需要备份的文件设置为右目录，如图 10-3 所示。

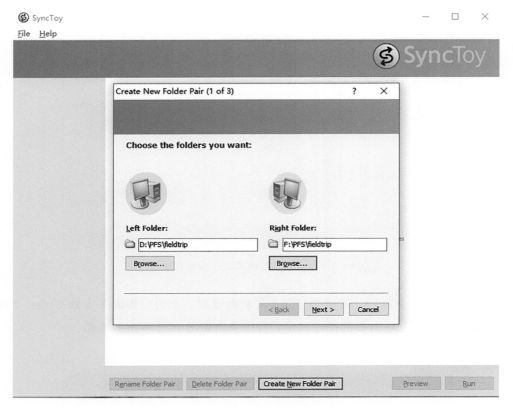

图 10-3 设置备份文件

点击 Next，出现如图 10-4 所示界面，要求选择复制模式。因为需要将电脑中处理好的结果复制到移动硬盘，所以选择 Echo 模式，将左目录中的新文件和更改过的文件复制到右目录中。同时该复制模式中，若两个目录中有同样的文件，在左目录中有重命名或者删除的，在右目录中也将执行同样操作。

ScncToy 一共提供了 5 种同步操作，分别是 Synchronize、Echo、Subscribe、Contribute、Combine，把鼠标移动到它们上面会有相应的提示说明。Synchronize，新文件和更改过的文件在左右目录中将互相复制，同时，若两个目录中有同样的文件，在其中一个目录有重命名或者删除的，在另一个目录中也将执行同样操作。Echo，左目录中的新文件和更改过的文件将复制到右目录中；同时，若两个目录中有同样的文件，在左目录中有重命名或者删除的，在右目录中也将执行同样操作。Subscribe，右目录中更新过的文件将复制到左目录，如果左目录中存在同样的文件，在右目录中

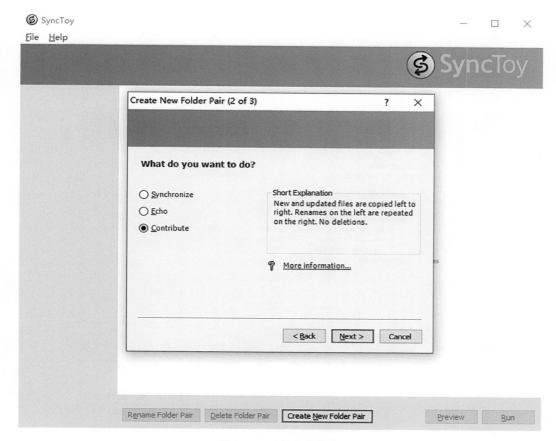

图 10-4　选择备份模式

有重命名或者删除的，在左目录中也将执行同样操作。Contribute 和 Echo 的操作
类似，但是不执行删除操作。为保证电脑中原始数据不被误删，因此强烈推荐使
用 Contribute 模式。Combine，新文件和更改过的文件在左右目录中将互相复制，
但是不执行重命名和删除的对比操作。

选好模式后点击 Next，要求输入文件名，输入文件名后执行 Next，进入如图
10-5 所示界面，该步骤提供了预览功能按钮 Preview，预览后确认无误，点击 Run
执行操作。

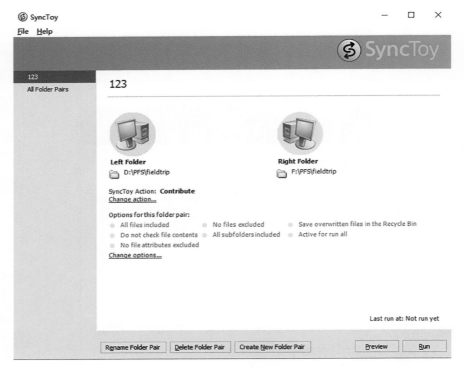

图 10-5　完成备份

10. 2　DJILocator 定位规范

10.2.1　定位前设置

　　首先，利用无人机航拍相片对目标研究区的地物进行研究分析时，需要有精确的地理信息来参与运算和反演。使用该软件的目的是自动定位航拍相片的经纬度地理信息。

　　通过软件的使用，实现对航拍相片位置和飞行航点位置的判断。航拍相片距离飞行航点较近时，如果二者距离小于 2 米，则保留该航拍相片的信息，否则舍弃。当航拍相片位于 2 个飞行航点之间时，如果航拍相片和两个飞行航点中心点的距离小于 5米，则保留，否则舍弃。

　　同时判断下一张照片，如果和目标的距离比上一张照片更近，那么选择这张照片。建议将航拍相关软件全部放到 PFS 文件夹下，以方便直接双击打开。在定位前，需要将野外照片等文件按图 10-6 中的格式设置，本例中野外照片数据存储在 E：\ PFS 下，以 162 号野外为例，991c-2ac4-5a28 是 162 号野外对应的平板编号，dji.db 是 4KB 的空文件（注意是拷贝，不能新建）。

图 10-6　野外照片文件格式设置

10.2.2　定位软件设置

软件包中的 DJILocator V2 软件，在安装好 Java 环境可以双击运行。首先在打开软件前需要在 project 文件夹下创建一个名为 fvc 的文件夹，在 C 盘根目录下创建一个文件名为 DJILocator_default 的文本文档，本例中的软件安装于 E：/PFS，而 DJILo-cator_default 文本文档直接放置于 C 盘根目录下，文本文档中内容输入如图 10-7 所示。第 1 行内容为野外航拍数据的存储路径，第 2 行是野外编号，第 3 行是平板编号，第 4 行是输出目录，第 5 行是结果参数的名称。设置正确后，点击打开的软件程序界面如图 10-8 所示。

图 10-7　DJILocator_default 文件内容

图 10-8 中，野外航拍文件的存储路径中斜杠是/而不是 \ ，且存储路径的尾部也必须加上/。此外，野外编号要与平板电脑的野外编号对应。

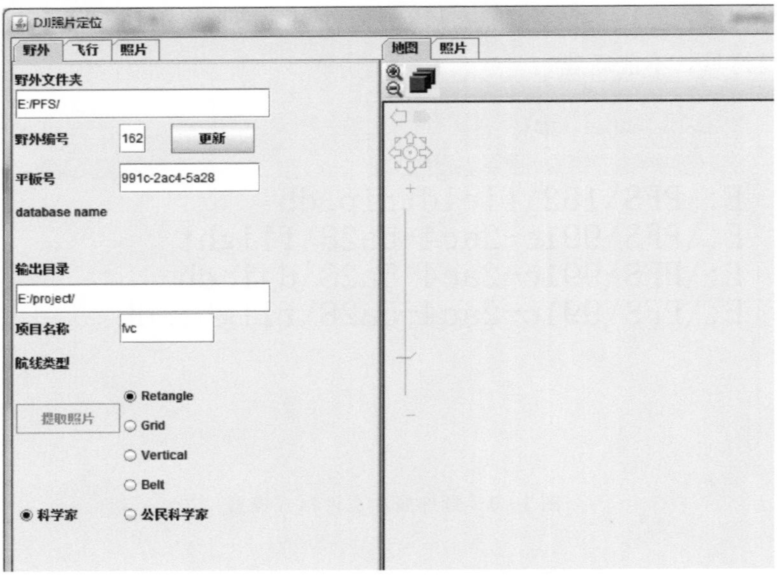

图 10-8　DJI 照片定位软件操作界面

点击 DJI 照片定位软件下野外界面中的更新按钮后，会出现如图 10-9 所示飞行航点轨迹，代表相应文件夹中的 .db 文件已经加载进来，同时地图上出现工作点的位置，表示操作成功。然后，选择 Rectangle、Grid、Vertical、Belt 不同航线类型进行定位。

图 10-9　定位成功后界面

需要切换类型时，选中需要切换的类型再点击更新，如更新失败，可关闭软件后打开重试。

提取了 Rectangle 类型的照片后，继续点击飞行，会在图 10-10 所示下方的对话框中发现 162 号野外采集人员记录的所有 Rectangle 类型的飞行航迹。点击左边列表中的某一个飞行轨迹后会出现右边框中的飞行轨迹结果，可以执行大小缩放和左右移动操作。此时点击添加照片信息至 dji.db 按钮，然后继续点击定位照片至航点按钮，照片就会完成自动定位操作。之后点击照片按钮查看定位结果，如图 10-11 所示。本次示例航迹中的 13 个航点上的照片被定位完成，而且在左侧对话框中选择第 5 张照片，右侧图中会显示该点，而且点位上的黑色小框为实心的，同时显示拍摄时间。其余点的操作需要进行手动修正，以第 5 个点为例，选中第 5 张照片，调整开始航点为 5，结束航点为 5，然后选择丢弃或者选择，最后点击修改完成一个点的修改。依次将其余各点修改完成。

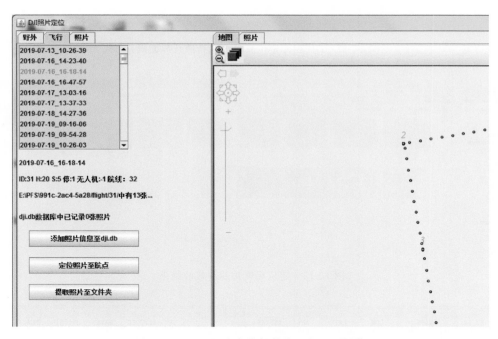

图 10-10　DJI 照片定位软件中飞行界面操作

10.2.3　定位结果展示

完成以上定位操作之后返回飞行界面，点击提取照片至文件夹，最终将无人机默认生成的照片名更改为便于处理的照片序号名，同时对应的经纬度信息也保存在 .csv 文件中，如图 10-12 和图 10-13 所示。

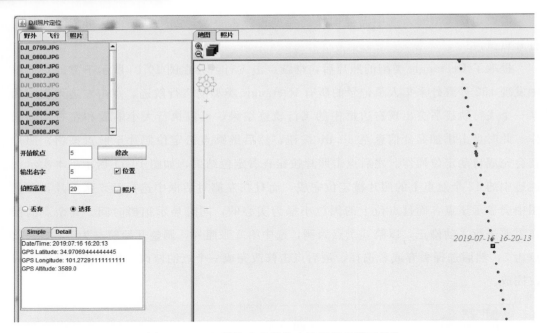

图 10-11　DJI 照片定位软件中飞行照片界面操作

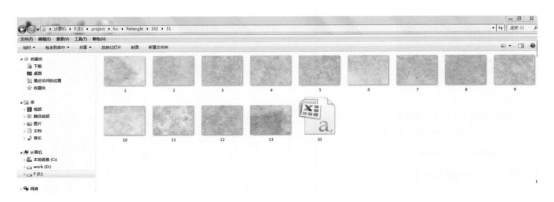

图 10-12　定位后航拍照片修改结果

	A	B	C	D	E	F	G	H	I	J	K	L
1	PT_ID	NAME	LON	LAT	ALT	MYTIME	FL_ID	WAYPOINT	NAME	HEIGHT	SELECT	
2	14	DJI_0799.JPG	101.2732	34.9721	3589	2019:07:16 16:19:13	31	1	1	20	1	
3	15	DJI_0800.JPG	101.2726	34.97203	3589	2019:07:16 16:19:28	31	2	2	20	1	
4	16	DJI_0801.JPG	101.2727	34.97158	3589	2019:07:16 16:19:44	31	3	3	20	1	
5	17	DJI_0802.JPG	101.2728	34.97114	3589	2019:07:16 16:19:59	31	4	4	20	1	
6	18	DJI_0803.JPG	101.2729	34.97069	3589	2019:07:16 16:20:13	31	5	5	20	1	
7	19	DJI_0804.JPG	101.273	34.97025	3589	2019:07:16 16:20:28	31	6	6	20	1	
8	20	DJI_0805.JPG	101.2735	34.97033	3589	2019:07:16 16:20:44	31	7	7	20	1	
9	21	DJI_0806.JPG	101.2741	34.97041	3589	2019:07:16 16:20:58	31	8	8	20	1	
10	22	DJI_0807.JPG	101.274	34.97085	3590	2019:07:16 16:21:14	31	9	9	20	1	
11	23	DJI_0808.JPG	101.2739	34.97129	3589	2019:07:16 16:21:30	31	10	10	20	1	
12	24	DJI_0809.JPG	101.2738	34.97173	3589	2019:07:16 16:21:44	31	11	11	20	1	
13	25	DJI_0810.JPG	101.2737	34.97218	3589	2019:07:16 16:21:58	31	12	12	20	1	
14	26	DJI_0811.JPG	101.2732	34.9721	3589	2019:07:16 16:22:14	31	13	13	20	1	
15												
16												
17												

图 10-13　定位后航拍照片信息提取结果

第11章 典型应用范例

11.1 高原鼠兔监测应用

11.1.1 无人机航拍获取高原鼠兔信息

高原鼠兔是高寒草地生态系统的关键物种，但同时也对草地产生一定的破坏，比如啃食牧草、降低植被覆盖度、挖掘坑道洞穴、破坏草根层。因此研究高原鼠兔对于维持青藏高原草地生态系统健康具有非常重要的作用。过去由于获取数据技术手段有限，难以在样地尺度大范围开展高原鼠兔长时间序列的研究。这主要是由于卫星遥感数据分辨率太低，难以监测鼠洞、堆土等信息，而地面样方调查耗时费力，难以在样地尺度上大面积开展。无人机航拍可以提供高分辨率的地面图像（比如20米高，地面分辨率优于1厘米），而且能实现定点定位重复观测，结合地面探地雷达测洞和堵洞、盗洞调查可有效获取高原鼠兔活动信息，在高原鼠兔监测方面优势显著。

11.1.2 探地雷达探测获取高原鼠兔地下洞道信息

以解剖的方式探测高原鼠兔洞道不仅是破坏性行为，而且难以在大范围内开展。探地雷达可以以无损探测的方式分析高原鼠兔地下洞道的分布特征，经过对多期数据比较，可进一步分析高原鼠兔地下洞道的发展演变情况。以中国电波传播研究所研发生产的LTD-2600型探地雷达（图11-1）为例，首先进行雷达操作，开启雷达400兆赫兹，然后进行参数调节，整体调增益通过上下键移动，达到对整个波形幅度增大/减小的目的。电磁波向地下传播，从上至下衰减不断增大，需要对增益分段进行调节。分段调增益时，光标移到分段调增益处，用回车键选定，用上下移动键选择增益调节点，然后用左右移动键实现增益的减小或增大，分段增益调节结束（图11-2）。调节时，要将反射波形幅度从上到下依次减小，但清晰可见。返回，选择探测方式为测距轮控制方式，再进行高原鼠兔地下洞道探测。

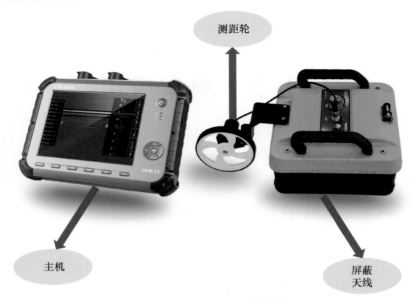

图 11-1　LTD-2600 型探地雷达图

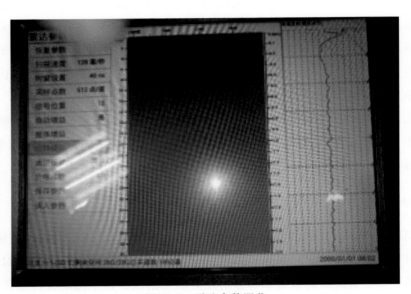

图 11-2　雷达参数调节

　　在某张航拍照片覆盖的范围内，随机选取 3 个 10 米×10 米的样方（图 11-3），在每个样方内进行间隔 1 米的来回测量方式测量，先进行横向的 11 次间断测量，再进行纵向的 11 次间断测量，每个样方总共进行 22 次间断测量（图 11-4）。使用 IDSP 7.0 软件提取探地雷达探测高原鼠兔洞道产生的波动（图 11-5），其具体的步骤为：新建工程，导入 .lte 数据，编辑头文件，打开工程评价，标注目标，标记波动的位置，生成目标报表即可得到距离坐标与深度，结合样方的大小测量数据，使用 UG（Unigraphics

NX）软件绘制出高原鼠兔洞道的三维图（图 11-6）和高原鼠兔洞道长度的数据。

图 11-3　样地选择设置图

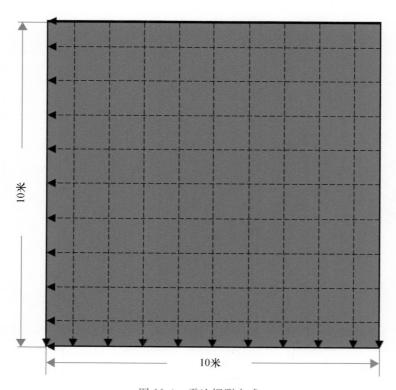

10米

10米

图 11-4　雷达探测方式

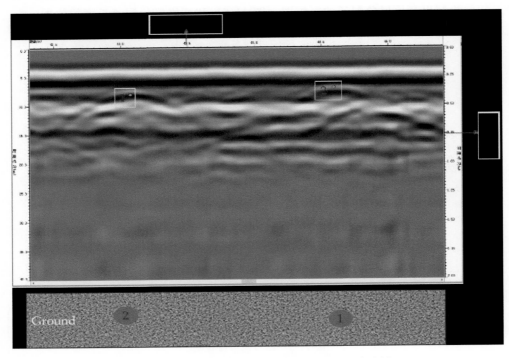

图 11-5　探地雷达探测高原鼠兔洞道产生的波动图

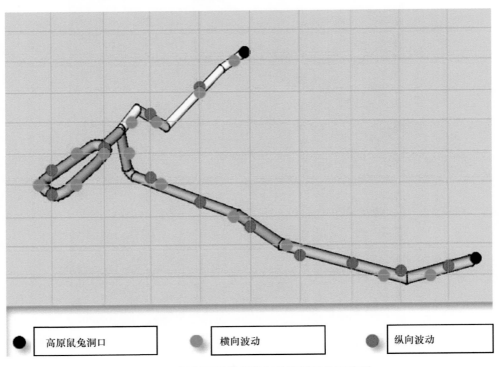

图 11-6　根据测量数据绘制的洞道结构三维图

11.1.3 堵洞盗洞获取有效鼠洞信息

堵洞盗洞法是获取有效鼠洞信息的一种常见方法，它具有操作简单、对草地破坏性小、数据准确度高等特点。野外具体的操作流程为：在每个样地内随机设置 2～4 个中心点，每个中心点分别用长度为 14.6 米的绳子围绕中心点拉绳，绳环绕一圈（约669.64 平方米）的圆形区域设置为 1 个样地，同时记录样地内的总洞口数（图 11-7）；用沙土将样方内所有高原鼠兔洞口轻微封堵，同时累计高原鼠兔洞口数量；等待 24 小时后检查样地内的鼠洞盗开情况，记录盗开洞口数量，即有效洞口数。有效洞口系数的计算公式为：有效洞口系数＝样方内盗开洞口数/样方内总洞口数量×100％。根据公式可以得到当地高原鼠兔的有效洞口系数，然后根据总洞口数换算得到有效洞口数，即可估算高原鼠兔的数量。

图 11-7 堵洞盗洞法野外应用

11.2 植被斑块提取

在 FragMAP Setter 中依据地形、障碍物等情况设置工作点。工作点的设置应该注意飞行区域地势是否平坦，且每个 Grid 和 Rectangle 与 MODIS 植被指数产品像元中心点相对应（像元覆盖范围 250 米×250 米）（图 11-8）。

图 11-8　MODIS 卫星影像像素中心点示意图（粉红色点为 MODIS 植被指数产品中心点）

在每个工作点下，Grid 以 MODIS 像素中心点为航线的中心，在 200 米×200 米的区域内均匀的布设 16 个航点（图 11-9）；Rectangle 同样以 MODIS 像素中心点为航线的中心，在 200 米×100 米的航线上等间距布设 12 个航点（图 11-10）。设置航线时，在名称和范围等参数设定后，先在地图界面点击所要观测区域的大致位置，通过界面最下方菜单栏中上下左右及旋转功能将航线微调至将要飞行的区域。

确认航点后，在 FragMAP Flighter 下飞行设置中设置飞行高度为 20 米，飞行速度为 6 米/秒，返回高度和头顶高度均设置为 20 米。此时所拍摄照片的分辨率约 0.88 厘米×0.88 厘米，每张照片的覆盖范围约 35 米×26 米。飞行结束后先不要关闭无人机，点击完成按钮，预览照片质量，并上传飞行数据（无网络的情况下可暂不操作）。飞行结束后 Grid 和 Rectangle 航线可分别获得 16 张和 12 张垂直拍摄的航拍照片。

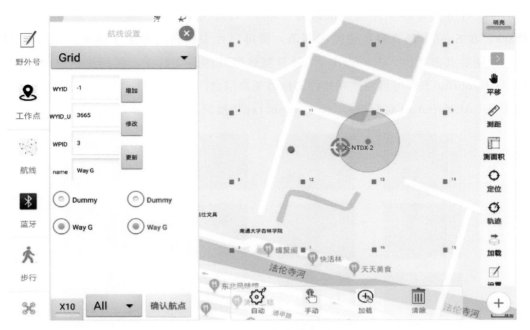

图 11-9　Grid 航线设置图

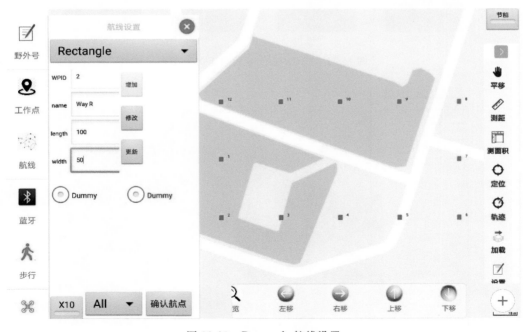

图 11-10　Rectangle 航线设置

　　所获得的航拍照片在 DJILocator 中进行定位，按照航点号名称将每个 Grid 和 Rectangle 飞行所获得的照片进行重命名（图 11-11）。在 Pixelclassifier 下选取 Index 为 Black，在 Sum 下调节照片感光区阈值，使得照片中所有的裸土全部被圈出（图 11-12a），随后点击 "Put all together" 计算整张照片的斑块特征，在照片目录…/FVC/BLACK/outfig 下即可得到该照片内的植被斑块信息图片（图 11-12b），在照片目录…/FVC/BLACK/outtxt 可得到*_pit_ittem.txt 植被斑块信息记录文档。

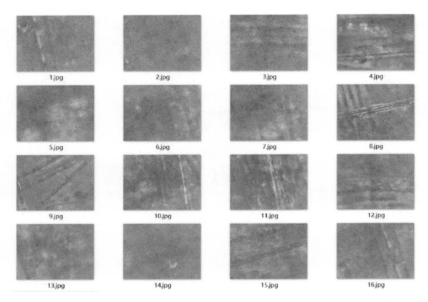

图 11-11　DJILocator 定位后重命名照片

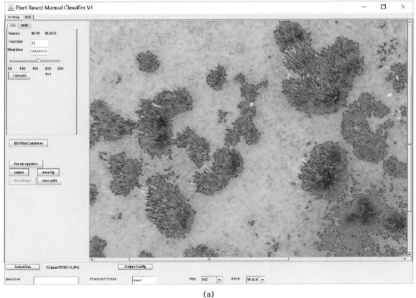

(a)

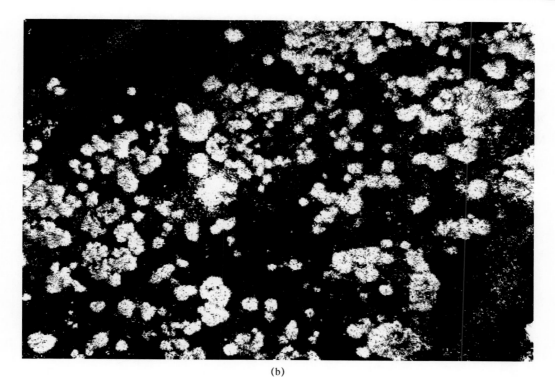

(b)

图 11-12　植被斑块特征

11.3　植被覆盖度调查应用

植被覆盖度是植被在垂直投影面上占总面积的百分比，是植被在二维平面的直接反映，其大小直接反映了区域生态环境状况。受限于技术条件，传统的植被覆盖度调查方法很难在空间尺度上与遥感像元尺度相匹配，导致植被覆盖度遥感反演缺少高精度的标定与验证数据。随着小型无人机的发展，利用无人机来对地面进行监测，不仅可以获得高精度的植被覆盖度数据，还可以在空间尺度上与遥感像元尺度匹配起来。

FragMAP 调查植被覆盖度主要包括工作点设置、航线规划、无人机飞行采集影像、影像定位管理、影像处理 5 部分内容。

（1）工作点设置。FagMAP 具有添加和导入工作点功能，在野外时，当到达一个理想的位置时，在平板上可以添加一个新的工作点或选择一个已经存在的工作点（前期已在该地区设置过工作点），该工作点的辅助信息（如放牧、围封、植被类型等信息）也可以在此系统中添加。

（2）航线规划。在每个工作点，可以添加一个新的航线或选择一个已经存在的航线。为了与 MODIS 遥感像元尺度匹配，在野外前将 MODIS 数据每个像元的像元中心点处理好导入航拍系统（图 11-8）。在设置航线时，选择 Grid 模式（为了与 MODIS 像元大小匹配，航线范围大小设置为 200 米×200 米），并将航线的中心放置在 MODIS 像元中心点位置（图 11-13）。

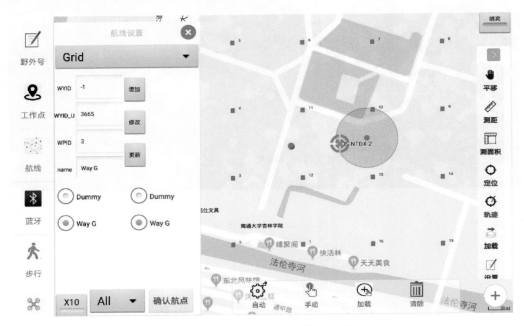

图 11-13　Grid 模式航线设置界面

（3）无人机飞行采集影像。当一个航线设置好或被选中后，一个飞行任务可以被添加，飞行速度、高度及在每个航点的停留时间、拍摄间隔时间可以自行设置。相机拍摄方面，ISO、白平衡、曝光补偿、锐化及对比度都设置为自动调整，相机镜头通过三轴云台调整至垂直向下。通过该软件发出指令，将该航线所有航点的位置信息通过遥控器上传给无人机。所有设置完毕后，无人机会自动根据航点信息进行自主飞行和拍摄。无人机完成飞行任务后将自动返回至起飞点，并自动降落。在飞行过程中，相机的镜头画面及无人机在航线中的位置将实时显示在平板界面上（图 11-14）。在植被覆盖度调查时，航高设置为 20 米，这样单张航拍影像覆盖范围为 35 米×26 米，单个航线覆盖范围约为 250 米×250 米。因此，每个航线数据采集可以获得与 Landsat、MODIS 两个空间尺度相匹配的影像数据。

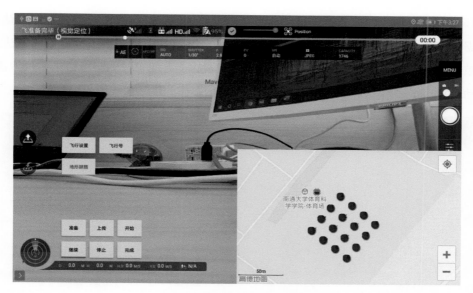

图 11-14　无人机数据采集界面

（4）影像定位管理。由于无人机拍摄的影像原始编号是连续的（图 11-15），导致不同样的数据管理非常不便。因此，为了更有效地管理和后期分析，需要对每个样地的航拍影像进行重新编号管理。照片分类管理主要在 DJILocator 软件中进行，主要是对每个样地的航拍影像名称进行重新编号，重新编号结果如图 11-11 所示。

图 11-15　无人机影像原始编号

（5）影像处理。影像采集完之后，需要对影像进行处理，获取每个样地的植被覆盖度数据。影像处理主要通过 Pixelclassifier 软件完成，该软件是基于植被指数阈值法来区分植被与非植被信息，并结合了 OpenCV 图像识别功能，能很好地将植被信息提取出来，并自动计算出每一幅影像的植被覆盖度数据。航拍影像处理结果如图 11-16 所示。

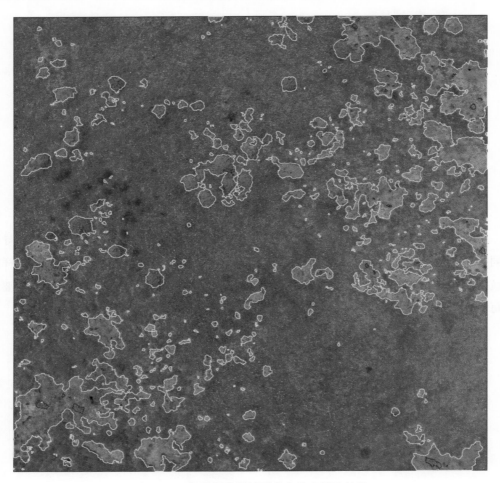

图 11-16　航拍影像植被覆盖度信息提取效果

11.4　典型应用航线设置：像元尺度土壤碳氮储量估算

FragMAP 无人机监测系统中的 Grid 模式 1 次飞行可以在遥感像元尺度（30 米×30 米）获取 16 个样地的植被盖度和不同大小的裸斑信息，为大范围样地和区域尺度生态系统有机碳和全氮储量的估算提供了新的方法，本节简单介绍其在像元尺度土壤碳氮储量估算方面的应用。不同斑块镶嵌共存的景观格局在青藏高原高寒草地普遍存在，这种异质性下垫面导致土壤有机碳和全氮的非均一性分布，影响土壤有机碳和全氮储量估算的精度。传统样方和样地尺度的采样方法需要采集大量的样本来反映这种高度的空间异质性，在大尺度上通常采用卫星遥感反演碳和氮储量，但其精度不足以分辨青藏高原高寒草地上普遍存在的斑块。

在 FragMAP Setter 中依据地形、障碍物等情况设置工作点。工作点的设置选择飞行区域地势平坦和周边无障碍物的地点。待航拍结束后，随机选择其中的三个航点（26 米×35 米），分别在不同下垫面（例如连续植被和各种不同大小的裸地斑块）设置 3～5 个采样点（图 11-17），用 200 立方厘米环刀（直径 7 厘米）采集 0～10 厘米、10～20 厘米、20～30 厘米和 30～40 厘米原状土，做好标签带回实验室测定土壤容重。同时分别采集前述各个深度土壤样品，分别测定土壤有机碳和全氮含量。

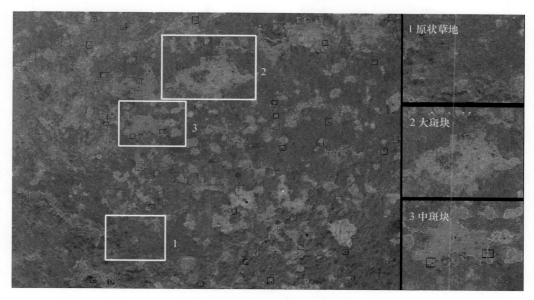

图 11-17　土壤样品采集示意图

对于 Grid 飞行获取的航拍照片在 DJILocator 中进行定位，在 Pixelclassifier 下提取植被盖度和裸地斑块面积信息。结合实测得到的土壤有机碳和全氮储量，采用加权平均的方法计算得到像元尺度土壤有机碳和全氮储量数据。在此基础上，建立像元尺度土壤有机碳和全氮储量与植被盖度的关系，以及植被盖度和归一化植被指数（NDVI）的关系，最后升尺度得到流域或者地区尺度土壤有机碳和全氮储量（图 11-18）。

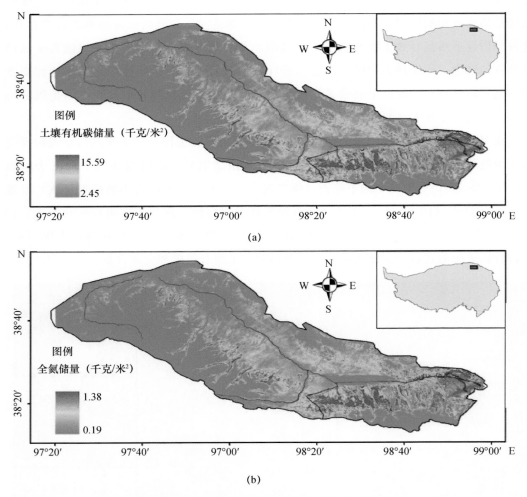

图 11-18　流域尺度土壤有机碳（a）和全氮（b）储量

11.5　物种动态监测

11.5.1　山区物种调查

传统的物种调查主要是样线法，这样的调查不仅费时费力，而且人为因素影响较大。前面已经提及无人机在平坦地貌物种调查中的应用，本案例主要介绍无人机在山区物种调查中的应用。

无人机对山区物种的调查，地形是必须要考虑的因素。所以选择具有地形跟随功能的无人机是必然的选择。为了利用航拍照片准确地识别物种，照片的清晰度就显得尤为重要。通常情况下，拍摄时间、拍摄高度、天气状况、机械故障及人为因素都会影响照片质量。所以在植被生长季，选择在天气晴朗、无大风的情况下进行山区物种的航拍调查是最佳的选择。由于不同山区、不同海拔梯度植物群落类型的差异，在拍摄高度的选择上要根据特定情况而定（如对于草本用 2 米高度）。

11.5.2　工作点及 Belt 飞行模式航线设置

工作点的设置要具有代表性，即根据自己的研究目的选择典型区域作为调查对象。对山区物种的调查，主要是沿水平和垂直两个维度进行。

11.5.3　物种识别

利用航拍照片进行物种识别的前提是认识植物，对于非专业的人来说，这就需要我们通过现有图书资料进行对照查询，或者请物种鉴定方面的专家进行指导。因为无人机是垂直向下拍照的，所以只能观测到植物顶端或者叶子展开的部位，这就需要我们在野外调查的过程中对植物的侧面、花及果实进行拍照，若能够采集植物标本辅助物种的识别，将会非常有意义。

11.5.4　大范围草地植物物种多样性调查

在 Setter App 上设置好工作点后，点击界面左侧航线键（图 11-19），弹出对话框后选择 Belt 航线。在拟设置航线的区域直接点击屏幕即可显示默认 40 米×40 米的 Belt 航线。每个工作点可设置 3 条航线，间隔约 10 米保证航点不重合（综合考虑地形、工作时间和地面验证工作），确保准确全面地获取数据。点击屏幕左下角的确认航点即可完成相应航线的设置。航线拟飞行高度、速度等通过界面右侧的设置进行调整。

航线设置好后，点击左侧飞行键进入 Flighter App（图 11-19），依次点击飞行设置、飞行号、准备、上传和开始进行大范围草地植物物种多样性的监测（地形跟随功能，图 11-20）。如果所用无人机具有变焦功能，须在无人机到达第一个航点之前完成变焦操作，确保所拍摄照片质量达到后期分析要求。无人机完成航线飞行后，把镜头调为水平，拍摄一张照片指示自动飞行结束。在手动飞行方式下将飞行高度调整为 0.5 米（如无人机具有变焦功能，保持镜头处于高倍变焦状态），在航拍范围内随机拍摄 10 张清晰照片，以便于为后期物种识别提供参考（图 11-21）。

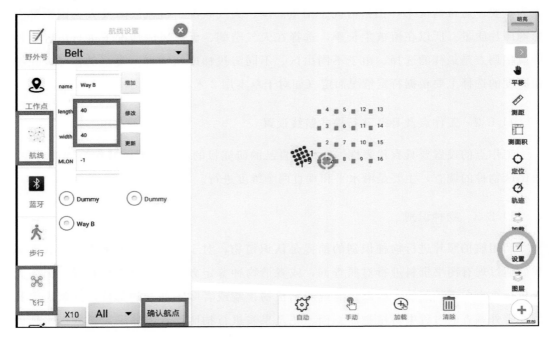

图 11-19　Belt 航线设置

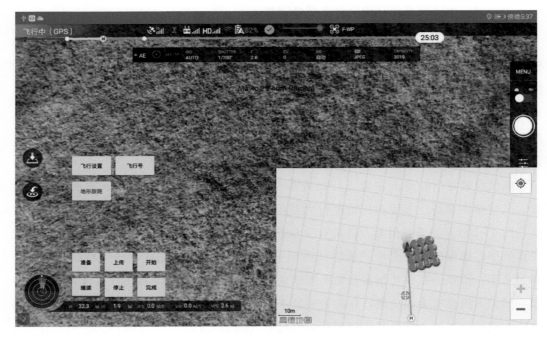

图 11-20　Belt 飞行方式实时监控界面

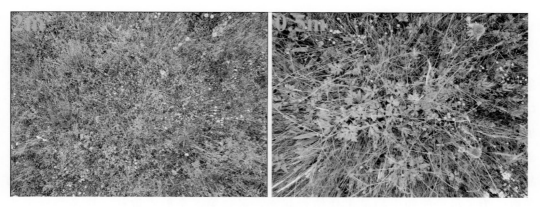

图 11-21　高度 2 米和 0.5 米拍摄照片对比

11.5.5　沿特定梯度开展草地植物物种多样性调查

根据研究者需求，在特定的生态环境变量（如降水、海拔、放牧强度等）梯度开展草地植物物种多样性的调查。在综合考虑工作量、工作时间和代表性的基础上，沿特定梯度设置样带（图 11-22a）。根据研究需要在样带上设置 Belt 航线（图 11-22b）。如果需要做方法适用性验证，可在 Belt 航线航拍过程中在航拍区域随机布设 3～5 个样方（图 11-22c）。待航拍工作完成后测量各个样方的物种丰富度，并根据研究需要测定各物种的密度或者分种生物量，进而获取样方尺度物种多样性指数。再与基于 Belt 航拍照片获取的物种多样性指数比较后可验证方法的准确性和适用性。

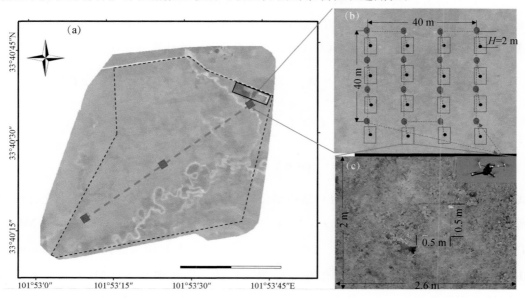

图 11-22　沿特定变量梯度设置样带（a）、设置 Belt 航线（b）、布设样方（c）

11.5.6 孢粉现代过程重建

结合大范围 Belt 飞行方式的物种调查，采集表层土壤实现孢粉现代过程重建，如果植物群落变化不大，可以按照等距离进行样点布局，尽可能离路边大概 1 千米远处（间隔 50～100 千米）。植物群落变化大的区域（界定：乔木、灌木、草本、沙漠）可加密取样（间隔 10～30 千米）。结合实际植被调查情况选择部分 Belt 航线取样。在群落内部地表 1 厘米土层进行梅花点状采样（即 1 米范围之内 3～5 个取样点，每个样品 10 克左右即可），如果有苔藓（样品重量在 5 克以内即可，单独装）可以优先采取。为了尽可能和生物量采样结合起来，可选第 6 个航点取样，样品袋标记为野外号-飞行号-航点号。如果是苔藓，加苔字。尽量避免农田、村庄、牧场等与人类活动有关的场所，并同步拍摄样点附近相应景观照片。

11.6　涡动站点总初级生产力（GPP）估算

为了利用无人机估算总初级生产力（gross primary productivity，GPP），基于 VPRM（vegetation photosynthesis and respiration model）模型（小时尺度的光能利用率模型），对模型输入的 FPAR（fraction of absorbed photosynthetically active radiation）采用无人机图像构建的相对绿度指数 GCC（green chromatic coordinate）进行计算。VPRM 模型（公式 1）和 GCC（公式 2 和公式 3）的计算公式如下：

$$GPP = \lambda \times T_{scale} \times P_{scale} \times W_{scale} \times \frac{1}{(1 + PAR/PAR_0)} \times PAR \times FPAR \qquad (1)$$

$$GCC1 = \frac{G}{R + G + B} \qquad (2)$$

$$GCC2 = \frac{G}{R + B} \qquad (3)$$

式中，GPP（植被总初级生产力）是指单位时间单位面积内，绿色植被通过光合作用所产生的有机碳总量，$gC \cdot m^{-2} \cdot h^{-1}$；$\lambda$ 是最大光利用效率，$gC \cdot m^{-2} \cdot h^{-1} \cdot MJ^{-1}$；$T_{scale}$、$W_{scale}$、$P_{scale}$ 分别是温度、水份和物候对光合速率的影响指数；PAR（photosynthetic active radiation）是指光合有效辐射，PAR_0 是光饱和点，$MJ \cdot m^{-2} \cdot h^{-1}$；$FPAR$ 是冠层吸收的光合有效辐射与总的下行光合有效辐射的比值；R、G、B 分别是红、绿、蓝三通道的像素值。

同时采用 Footprint 模型，计算通量塔的贡献源区（图 11-23），结合无人机航拍获取的影像和 Landsat8 的 OLI 影像，计算了贡献源区内的 GCC 指数（GCC1 和 GCC2）和植被指数（包括归一化植被指数 NDVI 和增强型植被指数 EVI）。根据贡献源区 90% 的范围，通过考虑不同像元的权重，计算得到贡献源区范围内每半小时的 GCC1、GCC2、NDVI 和 EVI，然后将其作为 VPRM 模型的输入计算 GPP。

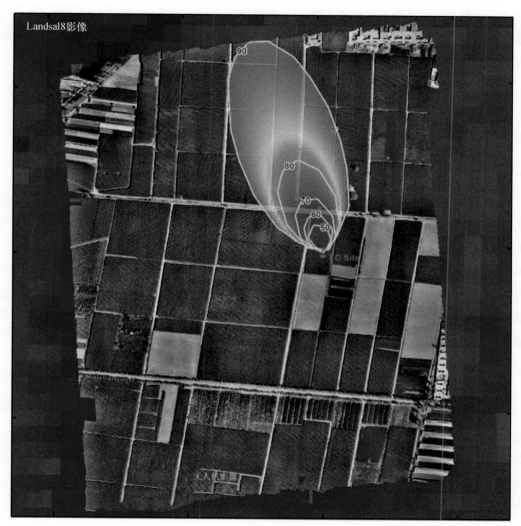

图 11-23　大满站涡动塔贡献源区

使用 Mosaic 航线进行长期重复航拍（最好每周 1 次）。利用已有的观测数据和 Footprint 模型估算通量站的贡献源区，也可以根据经验公式判断贡献源区大小（贡献源区的大小与仪器架设高度的关系约为 10：1）。结合常见的卫星遥感影像数据（如 MODIS 或 Landsat），先初步确定贡献源区内的地表覆盖情况，从而确定无人机航拍的范围。

　　综合考虑观测区地表异质性大小、航拍范围、无人机续航时间来确定飞行高度（或地表的像元分辨率）和航拍重叠度。飞行高度决定地表像元的分辨率。对于同样的航拍范围，飞行高度越高地表分辨率越低，航拍范围越大，航拍耗时越短；飞行高度越低地表分辨率越高，航拍范围越小，航拍耗时越长。对于同样的航拍范围，如果航拍重叠度越高，生成的正射影像和数字表面模型（digital surface model，DSM）的精度越高，航拍数据量也越大，航拍耗时也越长。建议的航拍高度是 50 米至 100 米，航拍重叠度不小于 60％（设置 60％，实际会大于 60％）。

11.7　土壤水分及蒸散发反演

　　FragMAP 无人机监测系统提供多种飞行模式，此处以 Irregular 飞行模式为例介绍其在土壤水分及蒸散发反演中的应用。基于航拍获取植被指数及地表温度数据进行蒸散发及土壤水分的反演，既需要部分气象数据的输入，也需要实测数据的验证，因此，工作点尽量选择在涡动塔周围。首先，确定涡动塔贡献源区范围，以 2 米塔为例，最大贡献区范围为塔高 200 倍，约覆盖 400 米×400 米的范围。在研究区范围内利用 Irregular 飞行模式手动选择航点，依据均匀原则选择具有代表性的典型样地，样地范围在 30 米×30 米左右（图 11-24）。

11.7.1　无人机及搭载相机

　　无人机使用大疆公司悟 1 系列，搭载禅思 XT 热红外相机及禅思 X3 升级版近红外相机。禅思 XT 热红外相机工作的波段范围为 7.5～13.5 微米，空间分辨率为 640×512 像素，温度灵敏度 0.05 ℃，主要用于获取地表温度数据，禅思 X3 多光谱相机接收蓝波段（450～515 纳米）、绿波段（525～600 纳米）及近红外波段（845～885 纳米）光谱数据，适合观测植被各类健康指数和获取植被绿度指数（G-NDVI）数据。

11.7.2　Irregular 飞行模式航线设置

　　Irregular 模式的优势在于能手动添加感兴趣的工作点，并进行飞行，在 FragMAP Setter 界面设置工作点或者定位到已有工作点，工作点设置完成后点击航线按钮转到航线设置界面（图 11-25）。选择 Irregular 航线，自动模式下用手指轻触屏幕均匀选择样地，并添加航点，界面下方提供了平移、旋转等按钮用以移动航点，之后点击确认航

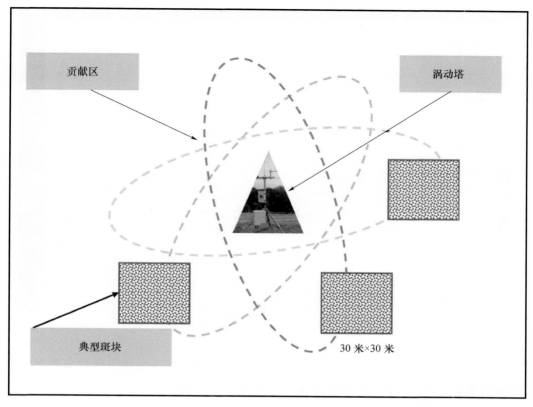

图 11-24　Irregular 模式飞行方案示意图（40 米×40 米飞行样地）

点按钮，在 name 属性栏后面添加名称，其中 Way I 部分字段为系统默认，表示使用 Irregular 模式飞行，点击右侧增加按钮后添加一个航线，之后通过点击设置按钮进行飞行参数设置，获取地表温度飞行时，无人机类型选择 inspire_1，相机类型选择 flir，飞行高度设置为 40 米；获取 G-NDVI 数据飞行时，无人机类型选择 inspire_1，相机类型选择 nir，飞行高度设置为 30 米，若在高原地区飞行速度建议设为 3～4 米/秒。点击左侧飞行图标进入 FragMAP Fligher 界面，点击地面站按钮查看图传情况，随后添加飞行号，依次点击准备、上传按钮上传航点，点击开始按钮后可自动飞行获取数据，飞行完成后点击停止按钮预览照片质量，达到预期要求则点击成功保存，反之放弃重新拍摄。飞行完成后点击左侧 go home 图标，无人机返航。

11.7.3　Irregular 模式飞行频次设置

植物生长季可进行连续观测（特殊天气除外），如果需要研究日际变化，热红外相机可每间隔 1 小时飞行 1 次，与涡动及气象数据的采样间隔对应。植被状况在 1 日内变化不大，可在正午飞行 1 次，也可根据实际条件调整，若电池数量充足、电源供应方

图 11-25　Irregular 飞行模式航线设置界面

便，可上午、下午各飞 1 次。降雨前后，可加密飞行频次，及时提供降雨前后地表温度的变化数据，以便分析不同斑块土壤水分蒸散与下渗情况。

11.7.4　注意事项

由于热红外照片反映地表温度信息，难以识别自然状态下的地面标志物，为实现热红外图像与普通航拍照片及多光谱航拍照片的匹配，因而开展人工标靶设置工作，可根据飞行高度选择不同大小的标识物，如飞行高度 40 米时可选用 50 厘米×50 厘米白板均匀放置于定点飞行区，具体考虑地表植被生长状况确定是否需要进行地钉加固处理。

11.7.5　数据展示

图 11-26（a）展示了利用悟 1 无人机搭载 X3 近红外相机获取的典型样地植被绿度指数（G-NDVI）数据，图 11-26（b）为悟 1 无人机搭载 XT 热红外相机获取的对应样地的地表温度（LST）数据。

G-NDVI

高: 0.67

低: 0.07

(a)

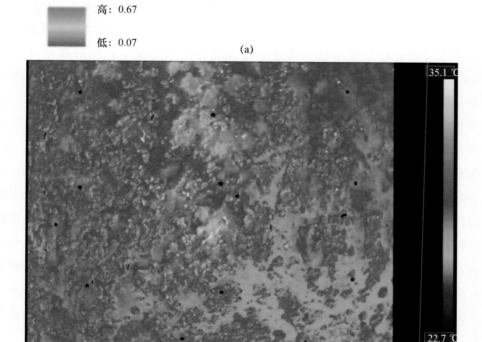

(b)

图 11-26　处理后 G-NDVI 数据（a）和 LST 数据（b）

11.8 风景照拍摄

Panaroma 模式的功能是进行 360°的全景展示，选择 Panaroma 飞行之前首先要选择明确的拍摄主题，例如一个孤立的小型湖泊、一棵大树、一个建筑物等。对于拍摄时间的选择，一般要避开 12—15 点时间段，其余时间都比较适合在户外拍摄。当然，最佳的拍摄时间还要数一天中的"黄金时间"，也就是朝阳升起后的 1.5 小时内和夕阳落下前的 1.5 小时内的光线最为柔和美丽。为了获得一张曝光准确、画面清晰、主体突出的全景图像，在飞行前需要对相机的各种参数进行设置，包括对焦模式（focusing）、光圈（aperture iris diaphragm）、快门（shutter）、感光度（ISO）、曝光补偿（exposure bias value）和白平衡（white balance，WB）。对焦模式一般选择自动对焦（AF），如果是专业摄影师可以选择手动对焦（MF）。为了获得主体和配体都清晰的照片，光圈一般设置在 F8～F11。拍摄风景照大多用的是小焦距镜头，一般也是静态的。按照安全快门的说法，手持 1/60 秒的快门速度是可以的，但是为了照片有更好的清晰度，建议提升至 1/125 秒或以上。感光度（ISO）的设置要依据拍摄时间和光线的明暗程度来综合考虑。在光线充足的情况下，一般选择低感光度（100），在光线不足的情况下为了获得安全快门，必须要以牺牲一部分画质来保证正常的拍摄。同样，在光线不足的情况下，可以根据实际情况增加曝光补偿来获取安全快门，在光线很强的场景，为了防止照片过度曝光，要减小曝光补偿。白平衡可根据天气情况和拍摄场景来设置，例如阴天、晴天和阴影等。

在 Panaroma 模式下也可以采用手动模式来对特殊的景观类型（森林、草地、灌丛湖泊和海洋等）和地貌（沙漠、冰川、喀斯特、丹霞和雅丹等）进行拍摄。拍摄时间建议避开中午强烈的顶光时段，清晨和傍晚为最佳拍摄时间。拍摄者可以依据实际情况采用顺光、侧光和逆光进行拍摄。顺光是指从被拍摄物体正面照射而来的光线，着光面是表现的主体，这是摄影时常用的光线。这种光线最适合表现主体自身的细节和色彩，森林、草地、灌丛湖泊和海洋等可以利用顺光拍摄的方式进行细腻的描述。侧光是在摄影中最常用的一种光线，是指光线的射入方向是从拍摄点的左或右侧方照射到被射对象，侧光在被摄体上形成明显的受光面、阴影面和投影。这种拍摄方式更能表现画面明暗配置和明暗反差鲜明清晰，景物层次丰富，空气透视现象明显，有利于表现被摄体的空间深度感和立体感，适合于拍摄沙丘、冰川、丹霞和雅丹等地貌。逆光是指从被拍摄者后面照射而来的光线，阴影的部分是表现的主体。逆光是一种具有艺术魅力和较强表现力的光照。通常情况下，逆光在拍摄中并不常用，不过，巧妙地利用逆光，却可以渲染出平时无法看到的效果，拍出创意十足的照片。所有的景观和地貌类型都可以采用逆光来拍摄，为了达到明部和暗部都曝光准确的照片，包围曝光方式可以较好地解决这个问题。包围曝光是 1 次拍摄后，以中间曝光值、减少曝光值和增加曝光值的方式，形成 3 张或者 5 张不同曝光量的照片。其作用是在这些不同曝光的照片中，能有比较接近摄影者所需要的曝光量照片，然后在后期合成制作 HDR 照片。

11.9　河流、湖、江岸巡查

进行河流巡查时，首先需沿着地图上河流的边界设置航点（请提前在有网络的情况下下载好研究区域的底图）。具体步骤如下：在 FragMAP Setter 中选择 Irregular 航线，沿着河岸点，手动依次添加航点（图 11-27）。如果是无人区，建议把航点设置在岸上（如果发生炸机可以捡回来），如果是在城市环境，建议把航点设置在河里（如果发生炸机不会伤人）。在 FragMAP Flighter 中提前选择好拍照模式（可以是间隔拍照，也可以是定点拍照），再点准备按钮。

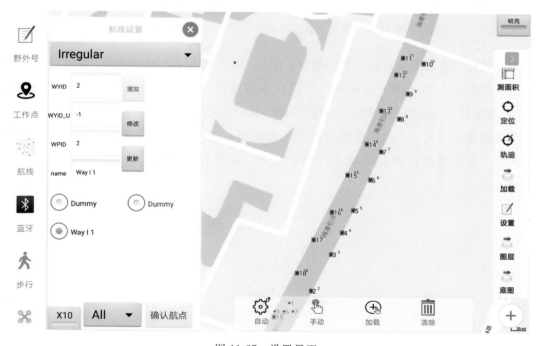

图 11-27　设置界面

在 FragMAP Setter 中选择 Single 航线，手动在河中心添加航点（图 11-28）。在 FragMAP Flighter 中执行时会飞到这个航点，不会发生任何操作。这时候手工切换相机模式，由拍照模式改为录像模式，然后录像（具体录像时间可定为 5 分钟）。

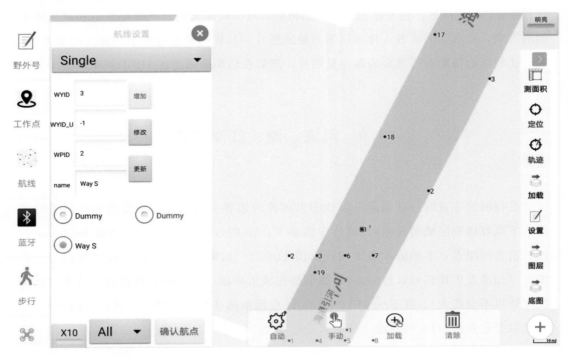

图 11-28　测试河流流速操作界面——手动添加航点

测流速时需要覆盖有标识物的部分，图 11-29 所示为不合格的例子，图 11-30 所示为合格的例子，如果没有标识物，可以在录像范围内的河边放一个已知长度的白色（或者其他易识别的颜色）物体。根据实际情况决定影像覆盖范围，比如河流太宽，没法全部覆盖，如果飞太高，水流中的特征看不清，这时候需要降低高度覆盖部分河流和河岸。部分录像需要和测流工作结合起来，测流为无人机反演河流表面速度提供验证。

图 11-29　不合格的例子

图 11-30　合格的例子

第 12 章 2019 年野外工作情况介绍

12.1 概 述

为了野外工作的顺利进行，脆弱生态环境研究所团队在出野外前开展了大量的准备工作，撰写了 FragMAP Setter 和 FragMAP Flighter 两个 App 的安装以及操作规范，要求野外工作过程中严格按照规范操作，并在野外工作开始之前测试了无人机和软件的运行情况，以确保野外工作正常实施。2019 年野外航拍照片的收集主要以 20 米高 Rectangle、20 米高 Grid、2 米高 Belt 飞行模式为主，此外也收集了部分 Vertical、Irregular 及 5 米高 Mosaic 模式下的航拍照片，在野外航拍的同时进行了地上生物量和土壤的采样，整个野外工作覆盖了中国生态脆弱区（图 12-1）。

图 12-1 2019 年野外工作覆盖区域图

12.2　野外工作时间及各阶段进展情况

野外工作从 2019 年 7 月 15 日开始至 8 月 15 日结束，随着时间的推进逐步完成，5 个野外分队，历时 1 个月基本完成了中国生态脆弱区的监测工作（图 12-2），少数工作点经后续补充完成。

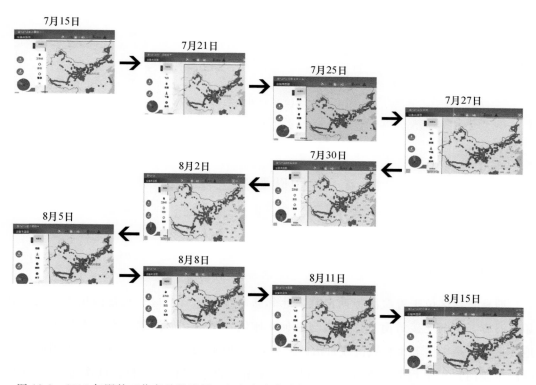

图 12-2　2019 年野外工作各阶段进展（红色点为未进行野外飞行工作点，绿色为已完成工作点）

12.3　野外飞行记录

在野外飞行结束后，各团队将平板上的飞行记录上传，所有上传成功的飞行记录都可以在 DMS 网站数据库中对应找到。2019 年野外工作共有 5372 次飞行记录（图 12-

3），完成了大量的数据收集工作，对中国生态脆弱区的监测比较全面。

图 12-3　2019 年野外飞行记录图

12.4　各团队野外工作情况

12.4.1　西藏自治区

西藏自治区位于青藏高原西南部，北邻新疆维吾尔自治区，东接四川省，东北紧靠青海省，东南连接云南省，周边与缅甸、印度、不丹、尼泊尔、克什米尔等国家及地区接壤，是中国五个少数民族自治区之一，陆地国界线 4000 多千米，是中国西南边陲的重要门户，平均海拔在 4000 米以上，素有"世界屋脊"之称。此次考察从 2019 年 7 月 15 日至 2019 年 8 月 14 日，历时 30 天，行程近 13000 千米，在近 700 个样地开展了多种无人机航拍形式的监测，并在典型区域开展了植被、土壤样品采集工作，圆满完成了预定工作任务（图 12-4）。此次科考是在 2017 年无人机航拍考察的基础上进行的又一次大面积考察，除了再次按照已布设航线航拍获取长时间序列的监测照片外，本次考察又新增了草地植物物种多样性监测和地面取样等工作。为青藏高原高寒草地开展大尺度的植物物种多样性、高原鼠兔、草地破碎化、地上生物量等研究奠定了一定基础。

图 12-4　2019 年西藏自治区野外工作图

12.4.2　内蒙古自治区

　　内蒙古草原是目前我国最佳的牧场之一，也是无数科学家求知探索的重要地方。内蒙古草原从东到西，降水量逐渐减少，植被类型依次是草甸草原、典型草原和荒漠草原。本次野外考察，吕燕燕主要带队完成荒漠草原的工作，孟宝平主要带队完成典型草原和草甸草原的工作。在重复航拍以往工作点的基础上，又新增部分工作点，完成近 1000 个工作点的航拍工作，包括 Grid、Belt、Mosaic 等重要的飞行模式，同时采集地上生物量、土壤种子库样品以及裸地和植被不同层次土壤样品。航拍的同时，用多光谱相机获取了不同物种的照片（图 12-6）。

图 12-5 2019 年内蒙古自治区野外工作图

12.4.3 黄河源

2019 年黄河源地区的野外工作由张建国带队完成，主要针对高寒草甸进行了无人机监测。黄河源涉及青海、四川、甘肃 3 省的 6 个州 18 个县，总面积约 1.32×10^5 平方千米。此次考察从 2019 年 7 月 15 日至 2019 年 8 月 4 日，历时 21 天，行程约 6000 千米，在 500 多个样地执行了多种模式的航拍采样，进行了遍布黄河源的各类草地的航拍及地面采样工作，圆满完成了预定工作任务（图 12-6）。2019 年野外考察是在 2017 年无人机航拍考察的基础上进行的又一次大面积无人机航拍考察，与 2017 年相比本次考察又新增了草地多样性样地和新的航拍模式，对各考察点的植被盖度、种群结构、组成与土壤进行了航拍调查与地面取样，通过对比往期调查结果来研究青藏高原区草地植物群落的变化及发展趋势，为我国生态脆弱区草地退化防治提供参考。

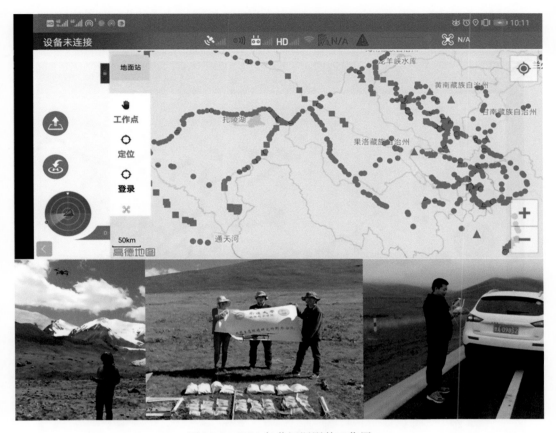

图 12-6　2019 年黄河源野外工作图

12.4.4　祁连山和柴达木盆地

祁连山脉位于中国青海省东北部与甘肃省西部边境，是我国境内主要山脉之一。海拔 4000～6000 米，面积约 2062 平方千米。柴达木盆地是中国三大内陆盆地之一，位于青海省西北部，青藏高原东北部，面积 2.58×10^5 平方千米。2019 年祁连山以及柴达木盆地的野外工作由宜树华老师带队完成，主要利用无人机对祁连山地区的高寒草甸以及柴达木盆地荒漠地带的植被、土壤进行了监测工作。本次科考是在以往无人机航拍考察的基础上，新增了部分工作点，采用 Grid、Belt 等飞行模式又进行了 1 次野外航拍，共完成约 300 个工作点的航拍工作，同时完成部分工作点的生物量和土壤取样工作（图 12-7），使得祁连山及柴达木盆地的监测工作更加完善。

图 12-7   2019 年祁连山和柴达木盆地野外工作图

12.4.5   合作

2019 年野外工作邀请部分老师进行了相关合作研究（图 12-8），包括新疆大学张仁平老师、水利部牧区水利科学研究所李锦荣老师、青海省草原总站连欢欢老师、兰州城市学院常丽老师，同时杜嘉星老师应邀参加了第 2 次青藏高原科考，在牛书丽老师的野外队开展航拍工作。在各位老师的协作下，此次野外工作得以顺利完成。

图 12-8　2019 年合作队伍野外工作图

12.5　经验总结

2019 年研究团队在野外完成了大量的无人机监测工作，覆盖范围基本包括了中国的生态脆弱区。在整个野外工作的过程中进展基本顺利，但同时也遇到一些问题，得到了一些宝贵经验，总结如下：

（1）对于重新编写的两个 App，FragMAP Flighter 公民科学家模式也可以使用。

（2）出野外前购买了华为平板电脑 M5 和大疆无人机御 2 变焦版，由于御 2 变焦版供货期较长，应该更早进行购买测试，以避免野外过程中的小问题（比如刚开始进行野外拍摄时的照片不够清晰等）。华为平板电脑 M2 和大疆无人机精灵 3 也都可以使用。

（3）由于 DJI SDK 的版本问题，西藏野外出现过航点过近的问题。

（4）要提早准备好进入边境以及国家公园所需的证明材料。

（5）在野外过程中，必须关注所涉及路线的路况是否通畅。不能随意走高速，高速口一旦走错将耗费大量时间，不但影响了野外进展，还会有安全隐患。

（6）必须及时查看获取的数据，将有助于准确获取有效数据。

附录 A 航拍记录表

野外号：　　　　　　　　　记录人：

序号	日期	工作点（号）	航线模式	飞行号	生物量	孢粉	土壤	备注
1								
2								
3								
4								
5								
6								
7								
8								
9								
10								
11								
12								
13								
14								
15								

附录 B   野外地上生物量鲜重记录表

野外号：　　　　　记录人：　　　　　天气：　　　　　单位：克

序号	日期	工作点（号）	飞行号	6号样 方框鲜重	7号样 方框鲜重	10号样 方框鲜重	11号样 方框鲜重	备注
1								
2								
3								
4								
5								
6								
7								
8								
9								
10								
11								
12								
13								
14								
15								

附录 C 介绍信

_____：

　　兹有我单位科研人员 _____ 前来野外科研考察，请予接洽。

　　有效期：　年　月　日至　年　月　日，共　天。

　　　　　　　　　　　　　　　单位（盖章）：

　　　　　　　　　　　　　　　　年　月　日